Mitteilungen des Forschungs-Institutes für Wasserbau
und Wasserkraft e.V. München
der Kaiser-Wilhelm-Gesellschaft zur Förderung der Wissenschaften

Heft 3   1935

Photoelektrisches Verfahren zur Untersuchung von Korngemischen

von

Dipl.-Ing. B. Esterer, München

Versuche zur Frage der Werkstoffanfressung durch Kavitation

von

Dr. phil. H. Schröter, München

VERLAG VON R. OLDENBOURG · MÜNCHEN UND BERLIN 1935

Vorwort.

Von den beiden Arbeiten des vorliegenden dritten Heftes der Mitteilungen befaßt sich die erste mit Untersuchungen, die im allgemeinen dem Arbeitsgebiet bodenkundlicher Laboratorien angehören. Die genaue Ermittlung der Zusammensetzung von Korngemischen hat aber auch bei der Ausführung flußbaulicher Modellversuche mit geschiebe- oder schwebestoffführendem Wasser eine erhebliche Bedeutung erlangt. Die Versuche mit dem photoelektrischen Meßgerät wurden mit der Absicht begonnen, eine Einrichtung zu schaffen, die es ermöglichen sollte, den Schwemmstoffgehalt eines Modellflusses laufend zu überwachen, ohne die Ausführung von zeitraubenden Schlämmanalysen oder von spezifischen Gewichtsbestimmungen des schwemmstoffhaltigen Wassers.

Die Anregung, hierfür gerade ein photoelektrisches Meßgerät zu benützen, gaben verschiedene Veröffentlichungen der letzten Jahre, die über die Eignung derartiger Meßeinrichtungen zu Trübungsmessungen in Flüssigkeit berichten und eigene Untersuchungen des Instituts, die die Brauchbarkeit eines solchen Gerätes für einen ähnlich gearteten Zweck — die Messung von Farbstoffkonzentrationen zur Bestimmung sekundlicher Wassermengen nach dem Farbverdünnungsverfahren — erwiesen. Über dieses Verfahren wird demnächst an anderer Stelle berichtet werden.

Im Laufe der Untersuchungen traten die zwischen den einzelnen Bestimmungsgrößen wie Schwebestoffgehalt, Korndurchmesser und Kornzusammensetzung und der Lichtschwächung vorhandenen Gesetzmäßigkeiten in solch eindeutiger und mit den theoretischen Überlegungen übereinstimmender Form zutage, daß das anfängliche Ziel der Untersuchungen als zu niedrig gesteckt erschien und deshalb die Eignung des photoelektrischen Gerätes für vollständige Analysen feiner Korngemische näher geprüft wurde.

Für die Versuche stellten die Firma Edelmann & Sohn, physikalisch-mechanisches Institut, München, ein Spiegelgalvanometer, die Deuta-Werke G. m. b. H., Abteilung „Nadir", Berlin, ein Zeigerinstrument, und die Firma Otto Preßler, Leipzig, mehrere Photozellen zur Verfügung. Der Ingenieurdienst e. V., München, unterstützte die Arbeiten durch Zuteilung eines Ingenieurs. Allen diesen Stellen sei der Dank des Forschungsinstituts ausgesprochen. Die Ausführung eines großen Teils der Versuche oblag Herrn Dipl.-Ing. B. Menzebach. Er hat mehrfach wertvolle Anregungen gegeben und die zuletzt benützte Form der Meßeinrichtung hergestellt. Ergänzende Messungen und insbesondere die Vergleichsversuche mit einem Kopecky-Apparat wurden von Herrn Ingenieur W. Jungermann ausgeführt. Beiden Mitarbeitern gebührt in besonderem Maße die Anerkennung des Instituts.

Die zweite in diesem Heft enthaltene Arbeit von Dr. H. Schröter über das Gebiet der Werkstoffanfressung durch Kavitation ist eine zusammenfassende Darstellung zum Teil bereits früher veröffentlichter Untersuchungen des Verfassers, die im Rahmen der Arbeiten des Kaiser-Wilhelm-Instituts für Strömungsforschung erfolgten und weiterer ergänzender Versuche, die im Zusammenhang mit dem Forschungsinstitut für Wasserbau und Wasserkraft im Jahre 1934 ausgeführt wurden.

Von ganz besonderem Wert war es für die Versuchsdurchführung, daß das hohe Gefälle des Walchenseekraftwerkes zur Verfügung stand. Dadurch war es möglich, große Strömungsgeschwindigkeiten anzuwenden und rasche und tiefgreifende Zerstörungen der untersuchten Werkstoffproben zu erzeugen, deren Beginn und Fortschritt in allen Einzelheiten verfolgt werden konnte. Da über den Anlaß und Hergang dieser Zerstörungen noch vielfach voneinander abweichende Meinungen bestehen, erschien es angebracht, als Beitrag zur Klärung dieser Fragen die bisherigen Ergebnisse der Versuche und die daraus abgeleiteten Folgerungen über das Wesen der Kavitationszerstörung zusammenhängend darzustellen. Die in der Arbeit mitgeteilten Vergleichswerte für die Widerstandsfähigkeit verschiedener Werkstoffe gegenüber der Einwirkung der Kavitation mögen dazu beitragen, die Materialkenntnis für die Praxis des Maschinenbaues zu erweitern und den Wert derartiger Untersuchungen für die Auswahl geeigneter Werkstoffe zu zeigen.

Herr Prof. Dr.-Ing. e. h. Prandtl, Göttingen, gab für diese Versuche die Anregung und seine wertvolle Unterstützung. Herr Dipl.-Ing. O. Walchner, Göttingen, entwarf und erprobte in Zusammenarbeit mit dem Verfasser die endgültige Form der Kavitationskammer im Kaiser-Wilhelm-Institut für Strömungsforschung in Göttingen. Ihm verdankt der Verfasser manchen Hinweis für die zweckdienliche Durchführung der Versuche. Die Notgemeinschaft der Deutschen Wissenschaft stellte die Mittel für die Ausführung und die Bayernwerk A. G. die Versuchsmöglichkeit am Walchenseekraftwerk zur Verfügung. Ihr Interesse an den Materialuntersuchungen bekundeten eine Anzahl von Firmen durch Überlassung von Werkstoffproben. Außerdem hat die Friedr. Krupp A. G., Essen, eine Kavitationskammer aus Sonderstahl kostenlos angefertigt. Die Firma Fried. Deckel für Präzisionsmechanik und Maschinenbau, München, ermöglichte die Ausführung metallographischer Untersuchungen in ihrem Laboratorium. In metallographischen Fragen beriet uns Herr Dipl.-Ing. Maschmeyer, München. Für diese Förderung und Unterstützung der Untersuchungen sei hiermit der besondere Dank des Instituts ausgesprochen.

München, im Mai 1935.

Forschungsinstitut für Wasserbau und Wasserkraft e. V. München
der Kaiser-Wilhelm-Gesellschaft zur Förderung der Wissenschaften

B. Esterer.

Inhaltsverzeichnis.

Photoelektrisches Verfahren zur Untersuchung von Korngemischen
von Dipl.-Ing. Bernhard Esterer.

Seite

A. Einleitung 7

B. Beschreibung der Versuchseinrichtung 8

C. Versuche und Ergebnisse 10

   1. Abhängigkeit des Galvanometerausschlages vom Schwebestoffgehalt bei verschiedenen Stoffen 10
   2. Abhängigkeit des Galvanometerausschlages vom Schwebestoffgehalt bei gleichbleibender Beschaffenheit des Schwebestoffes 11
   3. Abhängigkeit des Galvanometerausschlages von der Korngröße bei gleichbleibendem Schwebestoffmaterial. 12
   4. Galvanometerausschlag bei Schwebestoffen, die aus Korngemischen bestehen 13
   5. Abhängigkeit des Galvanometerausschlages von der Fallzeit während des Sinkens der Schwebestoffteilchen 15
   6. Ermittlung der Mischungslinie aus der Sedimentationskurve 17
   7. Fehlermöglichkeiten der photoelektrischen Schlämmanalyse 19
   8. Vergleiche mit Schlämmanalysen nach dem Spülverfahren 21
   9. Bestimmung des Schwebestoffgehaltes einer Flüssigkeit oder eines Wasserlaufes mit Hilfe des gleichwertigen Korndurchmessers 23
   10. Bestimmung des Schwebestoffgehaltes für teilweise sedimentierte Korngemische 26

D. Zusammenfassung 28

Versuche zur Frage der Werkstoffanfressung durch Kavitation
von Dr. phil. Hellmut Schröter, VDI.

A. Einleitung 31

B. Die Versuchsanlage 32

C. Versuche 34

   I. Beobachtungen über die Entstehung der Kavitationszerstörung 34
   II. Messungen der Anfangszeiten der Zerstörungen bei verschiedenen Wassergeschwindigkeiten 38
   III. Einige Beobachtungen über das Eindringen der Kavitationszerstörung in künstlich hergestellte Oberflächenvertiefungen 39
   IV. Beobachtungen über die Abhängigkeit der Zerstörung von der Größe und Lage des Kavitationsgebietes und Beschreibung einer auf Grund der Beobachtungen entwickelten neuen Kavitationskammer 41
      a) Versuche mit veränderter Länge des Hohlraumgebietes. 41
      b) Versuche mit verändertem Diffusorwinkel. 42
      c) Versuche zur Beschleunigung des Zerstörungsvorganges durch Änderung der Formgebung der Kavitationskammer 42
   V. Untersuchung technischer Werkstoffe in der Kavitationskammer 44
      a) Stahlproben 44
      b) Bronzeproben:
         α) Metallographische Versuche 46
         β) Vergleichsmessungen 49
      c) Gußeisen und Aluminium 50
      d) Schutzüberzüge 50

D. Zusammenfassung 51

Photoelektrisches Verfahren zur Untersuchung von Korngemischen.

Von

Dipl.-Ing. Bernhard Esterer.

A. Einleitung.

Die Feststellung der Zusammensetzung von Korngemischen aus Bestandteilen verschiedener Größe spielt bei der Untersuchung von Bodensorten und pulverförmigen technischen Produkten eine bedeutende Rolle. Wenn es sich dabei um Korngemische mit größeren Durchmessern der Körner als etwa 0,1 mm handelt, erfolgt die Feststellung der mechanischen Zusammensetzung mit Hilfe des Siebverfahrens entweder auf nassem oder trockenem Wege. Eine abgewogene Menge des Gemisches wird durch Siebe von abnehmender Maschenweite gerüttelt und das Gewicht jedes Siebrückstandes bestimmt. Die Auftragung der sich ergebenden Siebdurchlässe in Hundertteilen des Gesamtgewichtes der Siebprobe, abhängig von der Maschenweite der Siebe, gibt die sogenannte Mischungslinie oder Siebcharakteristik, die für die übersichtliche Darstellung der Ergebnisse derartiger Analysen allgemein gebräuchlich ist. Bei feinkörnigen Gemischen mit Korndurchmessern, die unterhalb etwa 0,3 mm liegen, tritt an Stelle der Siebanalyse die Schlämmanalyse, die entweder nach dem Spülverfahren oder nach dem Sedimentationsverfahren in bekannter Weise[1] ausgeführt wird.

Die im folgenden beschriebenen Versuche befassen sich mit der Ausführung der Schlämmanalyse unter Zuhilfenahme einer photoelektrischen Meßeinrichtung. Für die Verwendung eines derartigen Verfahrens lagen eine Reihe von Anregungen vor. In den letzten Jahren wurden photoelektrische Meßgeräte auf den Markt gebracht und in Veröffentlichungen beschrieben, mit welchen die durch chemische oder mechanische Beimengungen verursachte Trübung von Flüssigkeiten gemessen werden kann[2]. Die Eichung derartiger Meßgeräte mit Flüssigkeiten, deren Gehalt an chemischer oder mechanischer Beimengung bekannt ist, ermöglicht die Bestimmung der Konzentration des gelösten Stoffes oder auch die Bestimmung des Gehaltes an mechanischen Beimengungen, wenn die mechanischen Beimengungen sich in ihrer Zusammensetzung nach Korngröße und Material gegenüber der Eichung nicht verändern. Es lag nahe, eine derartige Meßeinrichtung so umzuge-

---

[1]) Eine eingehende Darstellung der Schlämmverfahren in Theorie und Praxis gibt Dr. H. Geßner in „Die Schlämmanalyse", Leipzig 1931, Akad. Verlags-Gesellschaft m. b. H.

[2]) s. z. B. Jakuschoff, Photoelektrisches Verfahren zur Bestimmung der Trübung von Flüssigkeiten, Z. VDI 1931, Bd. 75, S. 426. — Jakuschoff, Photoelektrische Methode zur Untersuchung der Schwebestofführung in Wasserläufen, Wasserkraft u. Wasserwirtschaft 1932, S. 152. — Gollnow, Trübungsmessungen mit einem selbsttätigen Elektrophotometer, Z. VDI Bd. 76, 1932, S. 466. — Gollnow, Die lichtelektrischen Erscheinungen als Grundlage für ein objektives Trübungsmeßgerät von Wässern usw. Gas- u. Wasserfach Bd. 75, 1932, S. 848. — Kluge u. Briebrecher, Photozellen in lichtgesteuerten Maschinen und Apparaten, Z. VDI Bd. 78, 1934, S. 938.

stalten, daß damit nicht nur der Grammgehalt je Liter sondern auch die Zusammensetzung der enthaltenen mechanischen Beimengungen nach Korngrößen festgestellt werden konnte. Auf diese Möglichkeit wies Jakuschoff bereits 1931 hin.

Die vom Forschungsinstitut für Wasserbau und Wasserkraft im Jahre 1934 ausgeführten Versuche hatten den Zweck ein für die Schlämmanalyse geeignetes photoelektrisches Meßgerät zu erproben und das dazu gehörige Verfahren zu entwickeln.

B. Beschreibung der Versuchseinrichtung.

Die das Korngemisch in gleichmäßiger Verteilung enthaltende Flüssigkeit (Wasser) durchfließt ein parallelwandiges, mit Glasfenstern versehenes Gefäß in lotrechter Richtung von unten nach oben. Die Schwächung der Lichtstärke eines durch das Gefäß gesandten, parallelgerichteten und waagerechten Lichtbandes wird mittels einer photoelektrischen Zelle und eines hochempfindlichen Zeigergalvanometers gemessen. In Abb. 1 ist die Meßeinrichtung schematisch dargestellt.

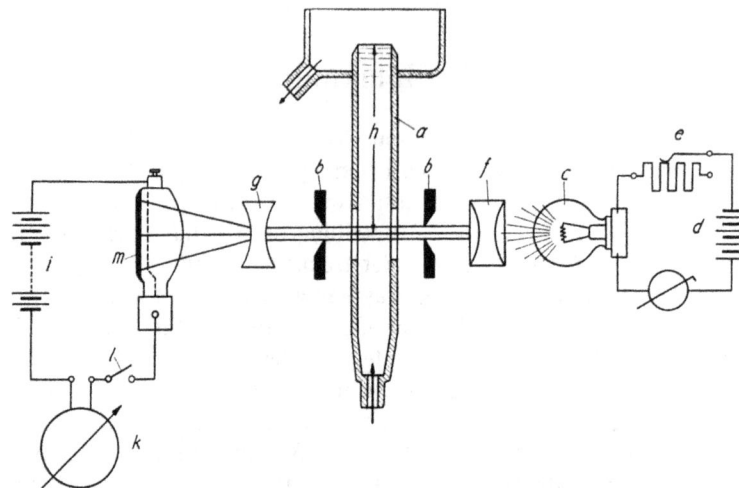

Abb. 1 Schematische Skizze der Meßanordnung.

a = Durchflußgefäß;	f = Sammellinse oder Kondensor;
b = Blenden;	g = Zerstreuungslinse;
c = Glühlampe (30 W);	i = Akkumulatoren-Batterie (120 V), sog. Anodenbatterie;
d = Akkumulatoren-Batterie (6 V);	k = Zeigergalvanometer;
e = Widerstand für Einstellung gleichbleiben- der Lichtstärke der Glühlampe;	l = Schalter;
	m = Photozelle.

Die verwendete photoelektrische Zelle ist eine sogenannte Vakuumzelle (Typ Phonopress, Spezial I) der Firma O. Preßler, Leipzig, die für eine auftreffende gleichbleibende Lichtstärke nach Überschreiten einer bestimmten Spannung der Batterie (i) eine von dieser Batteriespannung unabhängige Stärke des elektrischen Stromes liefert, die proportional der auftreffenden Lichtstärke ist. Die Spannung der Batterie (i) ist höher als diese sogenannte „Sättigungsspannung" der photoelektrischen Zelle. Änderungen dieser Batteriespannung, die im Verlaufe längerer Messungen unvermeidbar sind, beeinflussen deshalb den Ausschlag des Galvanometers (k) nicht, wenn sie sich innerhalb mäßiger Grenzen bewegen und oberhalb der Sättigungsspannung liegen.

Als Lichtquelle ist eine 30-W-Glühlampe (c) mit nahezu punktförmigem Glühfaden verwendet. Ihre Lichtstärke wird mit Hilfe eines Widerstandes (e) so geregelt, daß bei Füllung des Durchflußgefäßes mit Flüssigkeit ohne Beimengung für die Dauer einer Untersuchung ständig der gleiche Galvanometerausschlag vorhanden ist.

Das Durchflußgefäß weist eine rechteckige Grundfläche auf und ist aus Messingblech gefertigt. Für den Durchtritt des Lichtbandes sind zwei parallele Glasfenster in die Breitseiten des

Abb. 2. Durchleuchtungsgerät mit Durchflußgefäß.

Abb. 3. Ansicht der gesamten Meßeinrichtung.

Gefäßes eingekittet. Das mittels einer Schlauchleitung von unten zugeführte Wasser mit dem zu untersuchenden Korngemisch fällt nach Durchlaufen des Meßgefäßes über den oberen scharfkantigen Rand in einen Ablauf, der durch einen seitlich angeordneten Schlauch entleert wird. Durch diese Anordnung ist es möglich, Messungen der Stärke des durchfallenden Lichtes sowohl bei Durchfluß als auch nach Absperrung des Zuflusses während des Absetzvorganges der in der Flüssigkeit enthaltenen Gemischteilchen auszuführen. Die Abmessungen des Durchflußgefäßes wurden mehrfach geändert. Als zweckmäßig bewährte sich eine 610 mm hohe Ausführung mit 20 × 43 mm lichtem, rechteckigem Querschnitt, bei der die Fenster 500 mm unterhalb der Überlaufkante angeordnet waren. Im Verlaufe der Messungen ergab es sich weiter als zweckmäßig, ein zweites Gefäß von gleicher Querschnittsabmessung aber geringerer Höhe seitlich an das eigentliche Durchflußgefäß anzubauen. Dieses zweite Gefäß war mit klarem Wasser gefüllt und konnte durch eine Seitwärtsverschiebung in den Strahlengang des Lichtbandes eingerückt werden. Auf diese Weise war es jederzeit möglich, die Konstanz der gesamten Meßeinrichtung durch Feststellung des bei klarem Wasser vorhandenen Galvanometerausschlages zu prüfen.

Die vor dem Durchflußgefäß angeordnete Blende hatte eine rechteckige Öffnung von 5 mm Höhe und 20 mm Breite. Die hinter dem Gefäß befindliche Blende wies eine etwas größere Öffnung auf, damit kleine Verschiebungen der Blenden gegeneinander keine Veränderung der Querschnittsabmessungen des Lichtbandes bewirkten.

Als elektrisches Meßinstrument wurde zuerst ein Spiegelgalvanometer der Firma Edelmann, München, mit einer Empfindlichkeit von 2×10^{-10} A je Skalenteil benützt. Im Verlaufe der Versuche ergab sich die Notwendigkeit, auch wechselnde Stärken des Photostromes zu messen, denen dieses hochempfindliche Instrument nur unter erheblichen Schwingungsausschlägen und nicht rasch genug folgen konnte. Es wurde deshalb durch ein Zeigergalvanometer der Deuta-Werke, Berlin, ersetzt und dessen geringere Empfindlichkeit (1×10^{-7} A je Skalenteil) durch Verwendung einer Photozelle mit höherer Stromausbeute ausgeglichen.

Abb. 2 zeigt das Durchleuchtungsgerät mit dem Durchflußgefäß, Abb. 3 den Aufbau der gesamten Meßeinrichtung. Der in Abb. 3 ersichtliche, von oben herabführende Zuleitungsschlauch schloß oben an einen Blechbehälter an, in welchem die Probe des zu untersuchenden Korngemisches mit ca. 10 l reinem Leitungswasser aufgeschlämmt wurde. Zur Erzielung einer gleichmäßigen Verteilung der Körner in der Flüssigkeit wurde während der Dauer einer Messung der Behälterinhalt von Hand mittels einer durchlochten Blechplatte kräftig aufgerührt. Die Strömung durch das Durchflußgefäß erfolgte von dem hochliegenden Blechbehälter aus unter natürlichem Gefälle und konnte mittels eines an den Blechbehälter angebauten Hahnes verändert oder ganz abgestellt werden. Während der Dauer eines Durchflusses stellte sich ein gleichbleibender Ausschlag des Galvanometers ein, der sich nur änderte, wenn der Hahn so stark gedrosselt wurde, daß die im Durchflußgefäß aufsteigende Flüssigkeit nicht mehr in der Lage war, auch die gröberen Bestandteile des zu untersuchenden Korngemisches nach oben mitzuführen.

Für die weiteren Betrachtungen sind einheitlich die folgenden Bezeichnungen verwendet:

Das zu untersuchende Korngemisch wird kurz mit Schwebestoff bezeichnet, da es während der Dauer der Untersuchung in dem beigegebenen Wasser schwebend mitgeführt wird.

k = Konzentration d. h. Schwebestoffgehalt entweder in cm³ (porenloses Volumen) auf je 1000 cm³ der Aufschlämmung oder in g (Trockensubstanz) auf je 1000 cm³ der Aufschlämmung.

d = Korngröße eines Schwebestoffteilchens (Durchmesser) in cm.

α = Galvanometerausschlag in Skalenteilen (Sk.T.).

α_0 = Galvanometerausschlag bei Füllung des Durchflußgefäßes mit Flüssigkeit ohne Schwebestoff.

h = Höhe der Flüssigkeitsschicht über der optischen Achse in cm. (s. Abb· 1).

t = Sinkzeit eines Schwebestoffteilchens in min für die Höhe h.

C. Versuche und Ergebnisse.

1. Abhängigkeit des Galvanometerausschlages α vom Schwebestoffgehalt k bei verschiedenen Stoffen.

Durchflußversuche, die mit Schlämmkreide, Kalkstein-, Bimsstein-, Schmirgelpulver und chinesischem Löß ausgeführt wurden, zeigten, daß gleiche Gewichtsmengen dieser Stoffe in je gleichviel Wasser aufgeschlämmt, das durchfallende Licht verschieden stark schwächten. Eine Umrechnung mit Hilfe der spezifischen Gewichte der verwendeten Schwebestoffe auf gleiche Schwebestoffvolumina je Liter gab kein wesentlich anderes Ergebnis. Hierauf wurden die gleichen Stoffe aber bei verschiedenen Abstufungen der Korndurchmesser untersucht, und es zeigte sich, daß die Lichtschwächung nicht nur vom Schwebestoffgehalt und vom Material sondern, wie zu erwarten, auch vom Korndurchmesser abhängt. In Abb. 4 sind solche Absorptionskurven für verschiedene Stoffe und verschiedene Korndurchmesserabstufungen gezeigt, die diese Abhängigkeit deutlich wiedergeben.

Jakuschoff hat in seiner Veröffentlichung „Photoelektrische Methoden zur Untersuchung der Schwebestofführung in Wasserläufen"[1] solche Abhängigkeitskurven zwischen Galvanometerausschlag α und Schwebestoffgehalt k angegeben, ohne jedoch den Zusammenhang gesetzmäßig zu klären. Er schlägt vor, derartige Eichkurven zur Bestimmung des Schwebestoffgehaltes von Wasserproben zu benützen. Über den Einfluß der größenmäßigen Zusammensetzung des Schwebestoffes gibt er nur allgemein an[2], daß dadurch geringe Änderungen des Kurvenverlaufes eintreten

---

[1]) Siehe Fußnote 2, S. 7.

[2]) „Es muß hier jedoch die Bedeutung der mechanischen Zusammensetzung der Schwebestoffe unterstrichen werden, die bei Benutzung dieser Methode nicht vernachlässigt werden darf..." „Zu berücksichtigen ist bei allen diesen Untersuchungen immer der Einfluß der mechanischen Schwebestoffzusammensetzung. Da diese auf die Lichtabsorption einwirkt, so muß bei starken Abweichungen in der Zusammensetzung auch die Abhängigkeitskurve etwas geändert werden. Die Benutzung einer mittleren Abhängigkeitskurve dürfte jedoch in vielen Fällen genügend genaue Werte liefern."

können, die jedoch die Anwendbarkeit der in den Eichkurven festgelegten Beziehung $x = f(k)$ für die Ermittlung des Schwebestoffgehaltes in Wasserläufen in der Praxis nicht zu ungenau machen. Die festgestellten Abhängigkeitskurven der Abb. 4 zeigen, daß diese Annahme bei der Verwendung des photoelektrischen Verfahrens zur Ermittlung der Kornzusammensetzung zu sehr fehlerhaften Ergebnissen führen kann. Im folgenden wird das den Abhängigkeitskurven zugrunde liegende Gesetz angegeben und der Einfluß des Korndurchmessers näher untersucht.

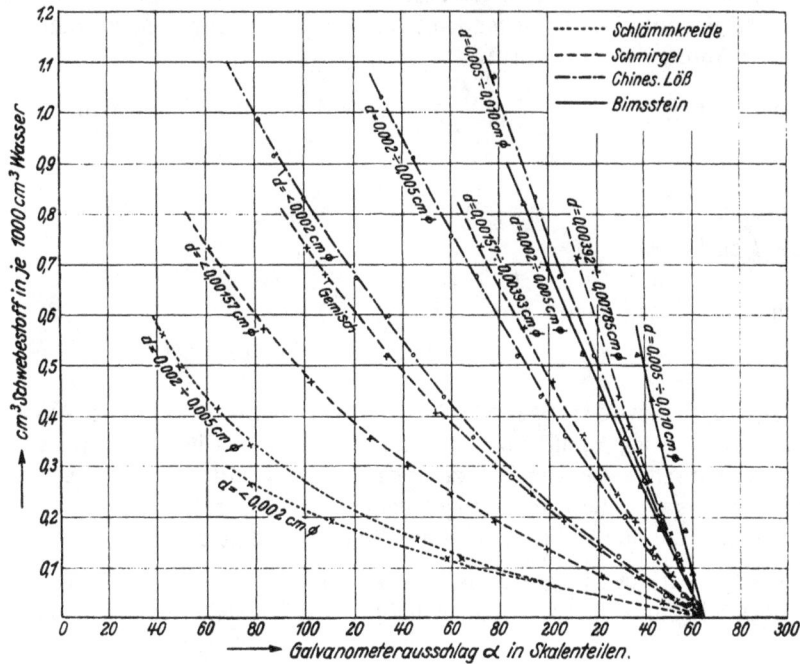

Abb. 4. Abhängigkeit des Galvanometerausschlages vom Schwebestoffgehalt
für verschiedene Stoffe.

2. Abhängigkeit des Galvanometerausschlages α vom Schwebestoffgehalt k bei gleichbleibender Beschaffenheit des Schwebestoffes.

Durch den Schwebestoff tritt eine Schwächung des durch das Durchflußgefäß gesandten Lichtes ein, so daß der bei schwebestofffreier Flüssigkeit erhaltene Ausschlag α_0 auf den Betrag α zurückgeht. Wird α_0 durch Änderung der Lichtstärke vergrößert, so nimmt auch α zu, und zwar in gleichem Verhältnis wie α_0, d. h. es wird durch eine gleichbleibende Schwebestoffmenge immer der gleiche Prozentsatz des durchfallenden Lichtes absorbiert. Die Versuche bestätigten dies mit großer Genauigkeit. Fügt man dem ungetrübten Wasser, das den Ausschlag α_0 ergibt, eine bestimmte Schwebestoffmenge, etwa 1 cm³ oder 1 g Trockensubstanz hinzu, so geht der Ausschlag um x vH von α_0 zurück, also auf

$$\alpha_1 = \frac{100 - x}{100} \cdot \alpha_0.$$

Fügt man die gleiche Menge desselben Schwebestoffes nochmals hinzu, so wird der Ausschlag wieder um x vH zurückgehen, bezogen auf den vorhergehenden Ausschlag α_1, d. h. auf

$$\alpha_2 = \frac{100 - x}{100} \cdot \alpha_1.$$

Wenn alle im Lichtweg befindlichen Teilchen angeleuchtet und ihre Schatten auf die Photozelle werfen würden, so würden neue, sich jeweils gleichbleibende Schwebestoffmengen, das Licht immer um den gleichen Betrag der ursprünglichen Lichtmenge schwächen. Da sich aber die neu hinzugefügten Schwebestoffteilchen wiederum gleichmäßig über das durchleuchtete Flüssigkeitsvolumen verteilen, wird ein Teil von ihnen in den Schatten der schon vorhandenen Teilchen kommen und so von der Photozelle nicht mehr erfaßt werden, und zwar werden sie sich im gleichen Verhältnis wie Licht- und Schattenfläche auf den durchleuchteten Querschnitt verteilen. Neu hinzukommende gleich große Schwebestoffmengen schwächen deshalb das Licht jeweils um den gleichen Prozentsatz der noch durch das getrübte Wasser gehenden restlichen Lichtmenge. Man erhält auf diese Weise Kurven von der in Abb. 4 gezeichneten Art.

Zur Vereinfachung sei statt $\dfrac{100-x}{100}$ der Wert A benützt. Dann wird

$$\alpha_1 = A \cdot \alpha_0$$
$$\alpha_2 = A \cdot \alpha_1 = A^2 \cdot \alpha_0.$$

Bei Zusatz von k cm³ wird

$$\alpha_k = A^k \alpha_0.$$

Durch Logarithmieren erhält man:

$$\log \alpha_0 - \log \alpha_k = -k \cdot \log A = -k \cdot C_1, \quad \ldots \ldots \ldots \quad (1)$$

d. h. beim Auftragen des Schwebestoffgehaltes k, abhängig vom Logarithmus des Ausschlages, müssen Gerade entstehen, die bei $\log \alpha_0$ die Abszissenachse schneiden. Die Konstante C_1 hängt von der stofflichen und mechanischen Zusammensetzung des Schwebestoffes ab. In Übereinstimmung mit der obigen Rechnung ergaben die Auftragungen gemessener Absorptionskurven im $(k, \log \alpha)$ Koordinatensystem Gerade, die die Abszissenachse im Punkt α_0 schneiden (siehe Abb. 5).

Mit diesem Nachweis wird die Gültigkeit des Beerschen Gesetzes[1]) über die Schwächung der Lichtintensität mit der Konzentration auch für feste Flüssigkeitsbeimengungen bestätigt.

3. Abhängigkeit des Galvanometerausschlages α von der Korngröße d bei gleichbleibendem Schwebestoffmaterial.

Die bisherigen Ausführungen beruhten auf der Annahme, daß der Galvanometerausschlag α von der Schattenwirkung der Teilchen abhängt und daß der Ausschlag sich nicht ändert, wenn die Größe der Schattenfläche gleichbleibt.

Die im Lichtweg enthaltene Schwebestoffmenge ist proportional k. Da das Volumen eines Schwebestoffteilchens proportional d^3 gesetzt werden kann, ist bei Schwebestoff, der aus Teilchen gleicher Größe besteht, die Anzahl der angeleuchteten Teilchen proportional $\dfrac{k}{d^3}$ und die angeleuchtete Fläche proportional

$$\frac{k}{d^3} \cdot d^2 = \frac{k}{d}.$$

Die verhältnismäßige Ausschlagsminderung bleibt also unverändert, wenn k und d im gleichen Verhältnis vergrößert oder verkleinert werden. Das heißt

$$\log \alpha_0 - \log \alpha = -\frac{k}{d} \cdot C_2 \quad \ldots \ldots \ldots \ldots \ldots \quad (2)$$

Jedem Korndurchmesser entspricht im logarithmischen Diagramm eine die Abszissenachse in α_0 schneidende Gerade. Die Ordinaten dieser Geraden müssen sich wie die Korndurchmesser

---

[1]) Siehe Eggerth, Physikalische Chemie, Verl. Hirzel, Leipzig 1929.

verhalten, d. h. je größer der Korndurchmesser, desto steiler verläuft die Gerade, was auch aus Abb. 5 deutlich hervorgeht. Abb. 6 zeigt schematisch, wie sich die Richtung der Geraden z. B. bei Verdoppelung des Durchmessers ändert.

Ein unmittelbarer Beweis für die Richtigkeit der Gleichung (2) kann nur durch Versuche mit Schwebestoffen von einheitlicher Korngröße erbracht werden. Die Gewinnung eines derartigen Schwebestoffes ist aber außerordentlich schwierig. Mit einem zur Verfügung stehenden Schlämmapparat nach Kopecky ließen sich nur bestimmte

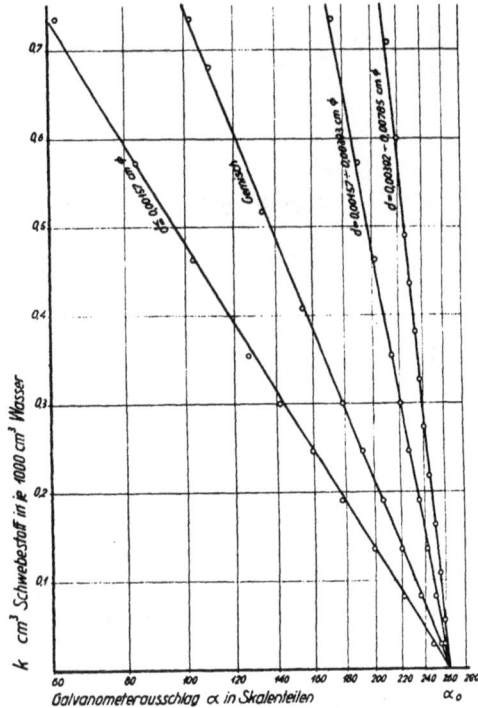

Abb. 5. Eichgerade für Schmirgelpulver.

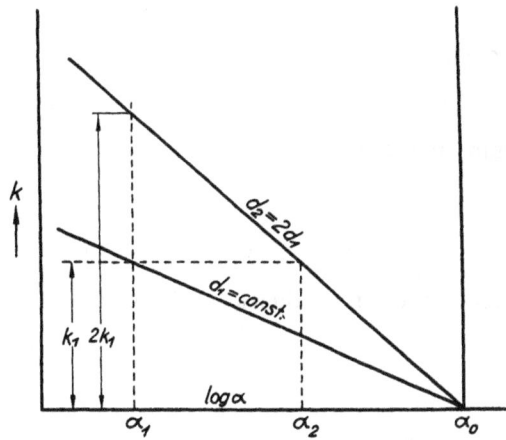

Abb. 6. Zusammenhang zwischen Korndurchmesser, Galvanometer-Ausschlag und Konzentration.

Gruppen von Durchmesserabstufungen nicht aber Proben einheitlicher Korngröße herstellen.

Die weiteren Ausführungen befassen sich deshalb zunächst mit Korngemischen, und der Nachweis für die Richtigkeit der Gleichung (2) folgt erst an späterer Stelle.

4. Galvanometerausschlag α bei Schwebestoffen, die aus Korngemischen bestehen.

Auch bei Schwebestoffen, die aus Korngemischen bestehen, tritt die lineare Abhängigkeit zwischen Konzentration und logarithmischer Auftragung der Ausschläge auf, so als ob statt des Korngemisches eine einheitliche Korngröße von bestimmtem „g l e i c h w e r t i g e m D u r c h m e s s e r" d_g bei jeder Konzentration vorhanden wäre.

Bezeichnen $\varkappa_1$, $\varkappa_2$, $\varkappa_3$ usw. die Volumina oder die Gramm je Liter und d_1, d_2, d_3 usw. die zugehörigen Korngrößen, aus welchen sich das Schwebestoffgemisch zusammensetzt, so ist $\Sigma\varkappa = k$ und für die einzelnen Korngrößen gilt nach Gleichung (2)

$$\log \alpha_0 - \log \alpha_1 = -\frac{\varkappa_1}{d_1} \cdot C_2$$

$$\log \alpha_1 - \log \alpha_2 = -\frac{\varkappa_2}{d_2} \cdot C_2$$

$$\log \alpha_{n-1} - \log \alpha_n = -\frac{\varkappa_n}{d_n} \cdot C_2.$$

Durch Addition erhält man:

$$\log \alpha_0 - \log \alpha_n = -C_2 \sum \frac{\varkappa}{d}.$$

Setzt man

$$\sum \frac{\varkappa}{d} = \frac{k}{d_g},$$

so ergibt sich

$$\log \alpha_0 - \log \alpha_n = - \frac{k}{d_g} \cdot C_2$$

oder

$$d_g = \frac{-k \cdot C_2}{\log \alpha_0 - \log \alpha_n} \quad \cdot \quad \cdot \quad \cdot \quad \cdot \quad \cdot \quad \cdot \quad \cdot \quad \cdot \quad \cdot \quad (3)$$

Für sehr kleine Abstufungen der Korngröße gehen die $\varkappa$-Werte über in Δk und die allgemeine Gleichung

$$\log \alpha_0 - \log \alpha_n = - C_2 \sum \frac{\varkappa}{d}$$

geht über in

$$\Delta \log \alpha = - C_2 \frac{\Delta k}{d},$$

woraus folgt:

$$d \cdot \Delta \log \varkappa = - C_2 \cdot \Delta k$$

oder

$$\sum (d \cdot \Delta \log \alpha) = - C_2 \cdot k.$$

Durch Einsetzen in Gleichung (3) ergibt sich

$$d_g = \frac{\sum (d \cdot \Delta \log \alpha)}{\log \alpha_0 - \log \alpha_n}.$$

Beim Übergang zu unendlich kleinen Kornabstufungen erhält man

$$\int (d \cdot d \log \alpha) = - C_2 \cdot k. \quad \cdot \quad \cdot \quad \cdot \quad \cdot \quad \cdot \quad \cdot \quad \cdot \quad \cdot \quad (4)$$

und

$$\text{Gleichwertiger Korndurchmesser } d_g = \frac{\int (d \cdot d \log \alpha)}{\log \alpha_0 - \log \alpha_n} \quad \cdot \quad \cdot \quad \cdot \quad (5)$$

Der in dieser Formel angegebene Zusammenhang zwischen Durchmesser, Galvanometerausschlag und Kornzusammensetzung soll im folgenden durch ein einfaches schematisches Beispiel zeichnerisch anschaulich gemacht werden (Abb. 7).

Das Korngemisch bestehe aus vier Durchmessergrößen d_1, d_2, d_3 und d_4, deren Anteile an der Gesamtkonzentration $\varkappa_1$, $\varkappa_2$, $\varkappa_3$ und $\varkappa_4$ betragen sollen, d. h. es ist

$$k = \varkappa_1 + \varkappa_2 + \varkappa_3 + \varkappa_4.$$

Wird jede Durchmesserstufe für sich im Durchflußgefäß untersucht, so entstehen in der zeichnerischen Darstellung die durch $\log \alpha_0$, $k = 0$ gehenden Geraden, die in Abb. 7 mit d_1, d_2 usw. bezeichnet sind.

Wird zur klaren Flüssigkeit zunächst die kleinste Durchmesserstufe mit der Konzentration $\varkappa_1$ hinzugefügt, so geht der Ausschlag auf die zu Punkt 1 gehörige Abszisse der Abb. 7 zurück. Wird nun die nächste Durchmesserstufe zugefügt, so ist Punkt 1 als Ausgangspunkt zu betrachten und die Ausschlagminderung vollzieht sich längs einer durch Punkt 1 gelegten Parallelen zur Durchmessergeraden d_2. Der weitere Verlauf führt in sinngemäßer Weise zu einem bis zu Punkt 4 reichenden Polygonzug, dessen Seiten parallel den zugehörigen Durchmessergeraden sind. Beim Übergang auf ein Korngemisch, in welchem sämtliche Korngrößen in unendlich kleinen Abstufungen vertreten sind, geht, wie leicht einzusehen ist, der Polygonzug in eine Kurve über. Die Richtung der Tangente in einem Punkt dieser Kurve gibt an, wie groß der maximale Korndurchmesser in diesem Punkt der Kurve bei dem betreffenden k-Wert ist.

In der unteren Diagrammhälfte der Abb. 7 sind über dem Logarithmus des Ausschlages die zugehörigen d-Werte nach unten aufgetragen. Die Fläche, die diese Kurve $d = f (\log \alpha)$ mit der Achse des Ausschlages einschließt, gibt bis zu jedem $\log \varkappa$-Wert den zugehörigen Wert des Ausdruckes

$$\int (\varDelta \log \alpha \cdot d) = - C_2 \cdot k$$

an, den Gleichung (5) als Zähler enthält. Diese Fläche ist gleichzeitig ein Maß für die in jedem Punkt der $d = f (\log \alpha)$-Kurve erreichte Konzentration, wenn die Maßstabskonstante C_2 bekannt ist. Die Fläche gibt also auch ohne Kenntnis von C_2 an, welchen Anteil an der Gesamtkonzentration alle unterhalb des Durchmessers d gelegenen Korngrößen des Gemisches haben. Der „gleichwertige Korndurchmesser" d_g ergibt sich als Höhe der in ein Rechteck von gleicher Basislänge verwandelten Kurvenfläche.

Eine wertvolle Kontrolle für die Richtigkeit der zeichnerischen Festlegung zeigt sich in folgender Weise: Der Schnittpunkt der Horizontalen für d_g mit der Verlängerung des Fahrstrahles nach Punkt 4 muß auf der gleichen Lotrechten liegen wie der Schnittpunkt der Horizontalen im Abstand d_4 mit der Verlängerung der d_4-Geraden. Dies gilt sinngemäß für sämtliche Werte von d.

Der zu einem beliebigen Punkt der $k = f (\log \varkappa)$-Kurve gehörige gleichwertige Durchmesser bzw. die Richtung des Fahrstrahls, auf dem er gelegen ist, ergibt sich, wenn man den zugehörigen k-Wert dadurch bildet, daß die entsprechende Fläche der $d = f (\log \varkappa)$-Kurve planimetriert wird. Auch hier muß die mittlere Höhe dieser Fläche mit der Richtung des Fahrstrahls übereinstimmen.

Aus dem Bisherigen geht hervor, daß man zur Ermittlung sowohl des Schwebestoffgehaltes k als auch der Kornzusammensetzung unbedingt den Verlauf der Kurve $d = f (\log \alpha)$ und damit des Wertes $\int (d \cdot d \log \alpha)$ kennen muß. Im folgenden soll gezeigt werden, wie die praktische Ermittlung dieser Kurve durch Beobachten des Galvanometerausschlages während des Absinkens der Teilchen in ruhender Flüssigkeit möglich ist.

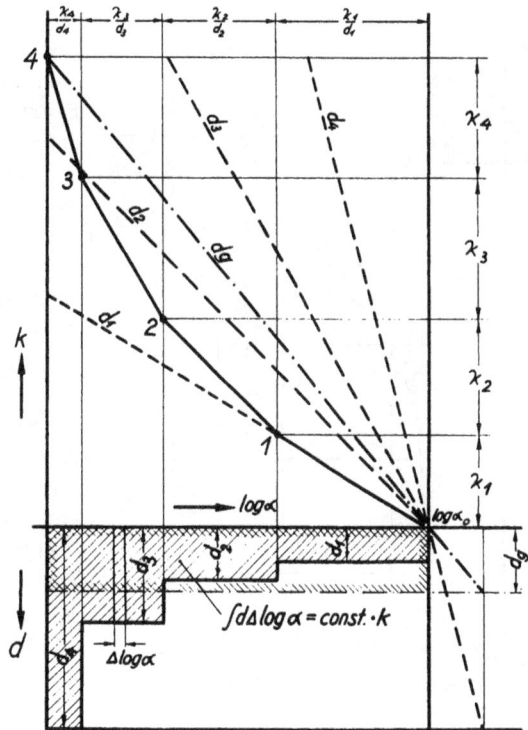

Abb. 7. Darstellung der Zusammenhänge zwischen Durchmesser, Konzentration und Galvanometerausschlag beim Korngemisch.

5. Abhängigkeit des Galvanometerausschlages α von der Fallzeit *t* während des Sinkens der Schwebestoffteilchen.

Nach raschem Unterbrechen des Zulaufs stellt sich im Durchflußgefäß die Flüssigkeitshöhe h über der optischen Achse ein, die man zur Bestimmung des Korndurchmessers aus der Fallzeit genau kennen muß. Wird nach dem Absperren der Zulaufleitung das im Überlaufgefäß gleichmäßig verteilte Korngemisch von bestimmter Konzentration k_1 sich selbst überlassen, so sinken die Teilchen mit um so größerer Geschwindigkeit, je größer ihr Durchmesser ist. Die Konzentration nimmt ab, der Galvanometerausschlag nimmt zu und die in Abb. 7 dargestellte $k = f (\log \alpha)$-Kurve wird von oben nach unten durchlaufen. Eine derartige S e d i m e n t a t i o n s k u r v e, bei der $\log \alpha$ abhängig von der Zeit t aufgetragen ist, ist in Abb. 8 gezeigt.

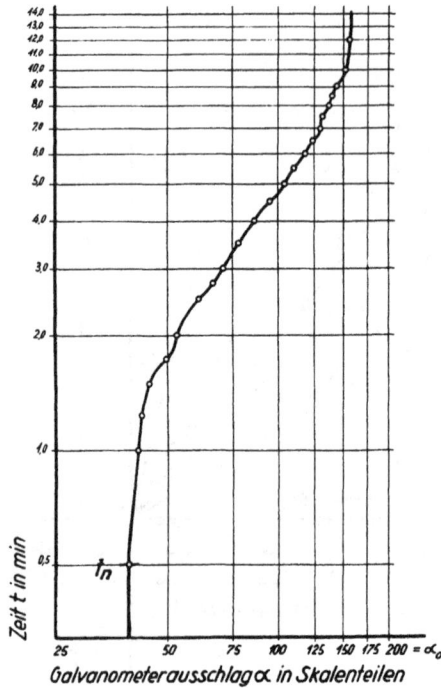

Abb. 8. Sedimentationskurve.

Mit Rücksicht auf eine gedrängte zeichnerische Wiedergabe wurde in Abb. 8 auch der Zeitmaßstab logarithmisch gewählt. Bis zur Zeit t_n bleibt der Ausschlag unverändert. Diese Zeit benötigen die schwersten Teilchen zum Absinken vom Flüssigkeitsspiegel bis zum Lichtstrahl. Die weiteren Punkte der Kurve bezeichnen den Zeitpunkt nach Beginn des Absinkens, in welchem eine bestimmte zugehörige Durchmessergröße den Bereich des Lichtstrahls verlassen hat. Der Ausschlag müßte eigentlich wieder auf α_0 zurückgehen, tut dies aber nicht. Den Anlaß bilden wahrscheinlich feinste Teilchen, die sehr lange schwebend bleiben.

Der Absitzvorgang spielt sich so ab, als ob Schleier verschieden großer Durchsichtigkeit aber gleicher Länge (Höhe der Flüssigkeit vom Lichtstrahl bis zur Überlaufkante) vor dem Lichtstrahl herabsinken würden. Die Durchsichtigkeit jedes Schleiers entspricht der Konzentration und dem Durchmesser der betreffenden Kornabstufung, die Sinkgeschwindigkeit des Schleiers aber hängt von der Größe, Form, Oberflächenbeschaffenheit und dem spez. Gewicht des Teilchens sowie von dem spez. Gewicht, der Zähigkeit und damit der Temperatur der Flüssigkeit ab, in welcher sich das Absinken vollzieht.

Der Einfluß aller dieser Größen auf die Sinkgeschwindigkeit läßt sich rechnerisch nicht erfassen. Für kugelförmige glatte Teilchen sind jedoch Formeln zur Berechnung der Sinkgeschwindigkeit aufgestellt. Man hat deshalb bei allen derartigen Untersuchungen in der Praxis davon abgesehen die tatsächlichen Kornabmessungen zu ermitteln und gibt statt dessen als Bezugsgröße den Durchmesser von Kugeln gleichen spezifischen Gewichtes an, die eine gleich große Fallgeschwindigkeit wie die tatsächlichen Teilchen besitzen. Sämtliche Durchmesserangaben dieser Abhandlung sind in diesem Sinne als „Äquivalent-Durchmesser" für „Teilchen gleichen hydraulischen Wertes" zu verstehen.

Die gebräuchlichen Formeln für die Fallgeschwindigkeit kugelförmiger Teilchen stammen von Stokes und Oseen[1]. In neuerer Zeit haben Schiller und Naumann[2] auf Grund eigener Versuche Formeln mit weitem Gültigkeitsbereich entwickelt, die für die folgenden Untersuchungen benützt wurden. Sie lauten:

$$\frac{4}{3} \cdot g \cdot \frac{\varrho_1 - \varrho_2}{\varrho_2} \cdot \frac{d^3}{\nu^2} = \psi \cdot R_e^2$$

und

$$\psi = \frac{24}{R_e}(1 + 0{,}150\, R_e^{0{,}687}) \text{ gültig für } R_e < 800.$$

Hierin ist:

g = Erdbeschleunigung.
ϱ_1 = Dichte des fallenden Teilchens.
ϱ_2 = Dichte der Flüssigkeit.
ν = kinematische Zähigkeit der Flüssigkeit.
d = Durchmesser des kugelförmigen Teilchens.
ψ = Widerstandsbeiwert.
$R_e = \dfrac{v \cdot d}{\nu}$ = Reynoldssche Zahl, worin
v = Fallgeschwindigkeit des Teilchens.

---

[1] Siehe z. B. Geßner, „Die Schlämmanalyse", Leipzig 1931, S. 8ff.
[2] „Über die grundlegenden Berechnungen bei der Schwerkraftaufbereitung," Z. VDI Bd. 77, 1933, S. 318 ff.

Zweckmäßig werden sämtliche Größen im C.G.S.-System eingesetzt. Zur Vereinfachung der Berechnung von v haben S c h i l l e r und N a u m a n n in ihrer Veröffentlichung Kurven und Tabellen angegeben.

Man kann also jeder mit dem Durchflußgefäß festgestellten Fallzeit einen bestimmten Korndurchmesser zuordnen. Diese Zuordnung braucht aber nicht ausschließlich auf dem Rechnungsweg mit Hilfe von Formeln zu erfolgen, sondern sie kann auch durch Eichung mit Korngemischen von bekannter, scharf abgegrenzter maximaler Korngröße ausgeführt werden. Dabei entspricht die Zeit von der Absperrung des Zuflusses bis zum Beginn der Ausschlagszunahme des Galvanometers der zur Eichung jeweils verwendeten maximalen Korngröße. Der Zeitmaßstab der Sedimentationskurve $\log t_1 = f_1 (\log \alpha)$, ist also gleichzeitig ein Maßstab für die Korndurchmesser, der aus der Fallhöhe h mit Hilfe der Gleichungen für die Sinkgeschwindigkeit errechnet werden kann.

Die Sedimentationskurve läßt sich deshalb in einfacher Weise in eine Kurve $d = f_2 (\log \alpha)$ umwandeln.

6. Ermittlung der Mischungslinie aus der Sedimentationskurve.

Es ist üblich, die Zusammensetzung eines Korngemisches in Form einer sogenannten M i s c h u n g s l i n i e darzustellen. Sie wird erhalten, wenn man über dem Korndurchmesser den Gewichtsanteil in Prozenten der Gesamtprobe aufträgt, der aus Körnern bis zu dieser Größe besteht.

Derartige Mischungslinien sind in Abb. 10 (S. 22) wiedergegeben. Sie geben genauen Aufschluß über die Zusammensetzung eines jeden Korngemisches. Die Ergebnisse von Sieb- und Schlämmanalysen werden deshalb meist in Form der Mischungslinie dargestellt.

Um eine derartige Mischungslinie auf photoelektrischem Wege zu erhalten, geht man wie folgt vor (siehe Abb. 9):

Etwa 20 bis 50 g des trockenen Korngemisches (bei nassem Material entsprechend mehr) werden in dem Zuflußbehälter mit ca. 10 l reinem Wasser durch Rühren gleichmäßig gemischt. Nach Feststellung des größten Galvanometerausschlages α_0 mit Hilfe des wassergefüllten Vergleichsgefäßes erfolgt unter ständigem weiterem Rühren der Durchfluß des Behälterinhaltes durch das Überlaufgefäß der photoelektrischen Meßeinrichtung und die Ablesung des dabei auftretenden, gleichbleibenden Kleinstwertes von α.

Mit der Absperrung des Zuflusses zum Überlaufgefäß beginnt die Aufnahme der Sedimentationskurve $\log t = f_1 (\log \alpha)$. Die Messung der zu den anwachsenden Stellungen des Zeigergalvanometers gehörigen Zeiten erfolgt zweckmäßig durch eine Stoppuhr mit nachspringendem Doppelzeiger.

In Abb. 9, die den Gang der zeichnerischen Ermittlung der Mischungslinie zeigt, ist im linken unteren Feld die Sedimentationskurve $\log t = f_1 (\log \alpha)$ eingetragen.

Nach den Angaben des vorausgehenden Abschnittes läßt sich der Zeitmaßstab dieser Kurve mit Hilfe der Formeln für die Sinkgeschwindigkeit in einfacher Weise in einen Maßstab für die Korndurchmesser verwandeln. Die sich hieraus ergebende Kurve $d = f_2 (\log \alpha)$ ist in Abb. 9 senkrecht über der Sedimentationskurve aufgetragen.

Wie im Abschnitt 4 (S. 14) ausgeführt ist, gibt die Fläche, die diese Kurve mit der Achse des Galvanometerausschlages einschließt bis zu jedem $\log \alpha$-Wert den zugehörigen Wert des Ausdruckes

$$\int d \cdot d \log \alpha = - C_2 \cdot k$$

und damit die Schwebestoffkonzentration an. Durch abschnittweises Planimetrieren dieser Fläche und Auftragen der gefundenen Werte über $\log \alpha$ wird die in Abb. 9 links oben angegebene Kurve

$$C_2 \cdot k = f_3 (\log \alpha)$$

erhalten.

Die Division der Ordinaten dieser Kurve mit ihrem Größtwert $C_2 \cdot k_1$ liefert das Verhältnis $\dfrac{k}{k_1}$, das über den zugehörigen Korndurchmessern aufgetragen die Mischungslinie $\dfrac{k}{k_1} = f_4 (d)$ ergibt (siehe

Abb. 9 rechts oben). Zur Vereinfachung der zeichnerischen Ermittlung der Mischungslinie ist es zweckmäßig, den Größtwert $C_2 \cdot k_1 = 1$ zu setzen, so daß die Ordinaten der Kurve $C_2 \cdot k = f_3 (\log \alpha)$ unmittelbar für die Auftragung der Mischungslinie benützt werden können. Der Gang der zeichnerischen Ermittlung ist in Abb. 9 durch einen Pfeilzug angedeutet.

Die Sedimentationskurve $\log t = f_1 (\log \alpha)$ wurde bei Abb. 9 nicht so weit verfolgt, bis der Ausschlag wieder auf α_0 anstieg oder unveränderlich blieb. Dieser restliche Teil der Kurve beeinflußt den Verlauf der erhaltenen Mischungslinie nur unterhalb Korngrößen von $d = 0{,}002$ cm, was praktisch belanglos ist.

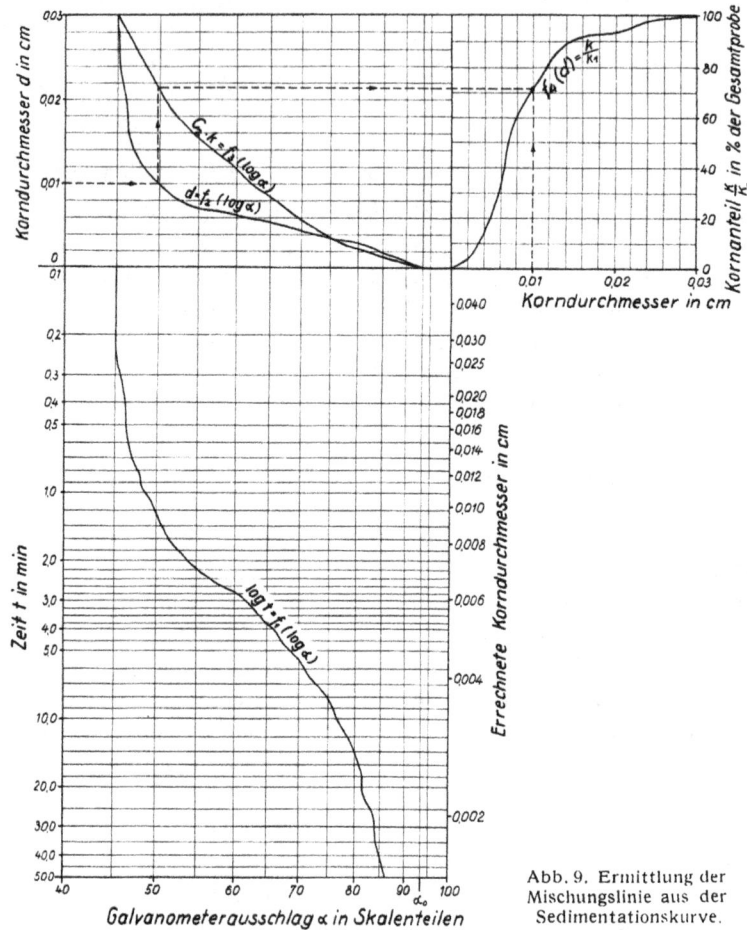

Abb. 9. Ermittlung der Mischungslinie aus der Sedimentationskurve.

Es sei zum Schlusse dieses Abschnittes besonders hervorgehoben, daß Jakuschoff in einer bereits 1931 erfolgten Veröffentlichung auf die Verwendbarkeit der photoelektrisch gemessenen Sedimentationskurve zur Bestimmung der Kornzusammensetzung hingewiesen hat[1]). Er betont dabei, daß die während des Absinkens sich ändernde Kornzusammensetzung des Schwebestoffes durch eine allmähliche Änderung der Abhängigkeitskurven, d. h. der Eichkurven, berücksichtigt werden müsse, gibt aber nicht an, in welcher Weise dies zu geschehen habe und für die Ermittlung

---

[1]) Er gibt hierüber in seiner Veröffentlichung „Photoelektrisches Verfahren zur Bestimmung der Trübung in Flüssigkeiten" (s. Fußnote 2 S. 7) folgendes an: Dieses Verfahren „kann ferner auch zur Bestimmung der mechanischen Zusammensetzung von Schwebestoffen im Laboratorium benutzt werden, indem man diese in dem Versuchsgefäß in destilliertem Wasser aufschwemmt und während des darauffolgenden Absitzens die Schwebestoffmenge im Wasser dauernd aufzeichnet. Dabei ist jedoch auf die allmähliche Änderung der Abhängigkeitskurven Rücksicht zu nehmen".

der Kornzusammensetzung benützt werden könne. Nach den bisherigen Darlegungen ist die Feststellung der Kornzusammensetzung mit Hilfe der Sedimentationskurve durch alleinigen Vergleich mit Eichkurven nicht möglich.

Dessenungeachtet gab der Hinweis Jakuschoffs eine besonders wertvolle Anregung, die von ihm nicht näher untersuchten Zusammenhänge von Konzentration, Korngröße und Galvanometerausschlag zu klären und einen für die Praxis der Schlämmanalyse unmittelbar brauchbaren Weg zur Überführung der Sedimentationskurve in die Mischungslinie zu ermitteln.

7. Fehlermöglichkeiten der photoelektrischen Schlämmanalyse.

Um die Brauchbarkeit des photoelektrischen Verfahrens zu prüfen und Mängel aufzudecken, die entweder im Verfahren selbst oder in der Meßeinrichtung begründet sein konnten, wurden eine Reihe von Vergleichsversuchen mit Schlämmanalysen nach dem Spülverfahren durchgeführt.

Bevor auf diese Vergleichsversuche näher eingegangen wird, seien die hauptsächlichsten Fehlermöglichkeiten kurz dargelegt.

Beim raschen Absperren des Durchflusses zu Beginn der Sedimentationsbeobachtung kommt die im Beobachtungsgefäß befindliche Flüssigkeitsmasse nicht sofort zum Stillstand. Der Übergang zur Ruhe vollzieht sich möglicherweise unter Bildung von Wirbeln und Sekundärströmungen, die den Sedimentationsvorgang stören. Der vom Absperrhahn zum Beobachtungsgefäß führende Gummischlauch erleidet beim plötzlichen Unterbrechen des Durchflusses elastische Formänderungen, die in gleichem Sinne wirken.

Die im Beobachtungsgefäß befindlichen Gemischteilchen müssen beim Übergang vom Durchfluß zur Sedimentation zuerst in ihrer Aufwärtsbewegung gebremst und dann in der Fallrichtung wieder beschleunigt werden. Dadurch wird die bei der Sedimentation beobachtete Fallzeit zu groß, und zwar um so mehr, je größer die Fallgeschwindigkeit und je kleiner die im Beobachtungsgefäß zurückzulegende Fallhöhe ist. Diese Fallhöhe darf deshalb nicht zu klein gewählt werden. Geßner[1]) hat die Zeiten errechnet, die von Quarzkugeln beim Fallen in Wasser von 20⁰ bis zur Erreichung der konstanten Endgeschwindigkeit benötigt werden. Er gibt z. B. an, daß die theoretische Endgeschwindigkeit nach Stokes bis auf 1 vH genau erreicht wird

für Kugeln von $d = 0,2$ cm nach 3,2   s
,,   ,,   ,, $d = 0,02$ cm   ,, 0,032 s
,,   ,,   ,, $d = 0,002$ cm   ,, 0,0003 s.

Selbst wenn man berücksichtigt, daß diese Zeiten wegen der Umkehr der Bewegungsrichtung der Teilchen zumindest verdoppelt werden müssen, zeigt sich deutlich, daß der entstehende Fehler mit abnehmender Korngröße sehr bald bedeutungslos wird. Nur für grobe Teilchen ist eine merkliche Verlängerung der Fallzeit zu erwarten. Dieser Fehler müßte sich durch eine zu kleine Angabe des größten Gemischkornes und durch einen steileren Anstieg der Mischungslinie in ihrem oberen Teil äußern.

Ein weiterer unvermeidbarer Fehler entsteht durch die Verzögerung der Sinkgeschwindigkeit der Teilchen in der Nähe der Gefäßwandungen. Auch hierüber macht Geßner[2]) Zahlenangaben, von denen einige auszugsweise gebracht seien:

Die Abweichung in vH der unbeeinflußten Fallgeschwindigkeit beträgt bei Quarzkugeln

von d	im Wandabstand	
	0,1 cm	1,0 cm
0,0002 cm	— 0,055	— 0,005
0,001 ,,	— 0,275	— 0,027
0,01 ,,	- - 1,1	0,0

[1]) Die Schlämmanalyse, S. 14, s. Fußnote 1, S. 7.
[2]) Die Schlämmanalyse, S. 16, s. Fußnote 1, S. 7.

Der Fehler nimmt zu mit der Wandnähe und dem Korndurchmesser. Da der Abstand der parallelen Wände des Meßgefäßes in der Richtung des Lichtstrahles nur 20 mm betrug, war eine verhältnismäßig starke Verminderung der Sinkgeschwindigkeit durch die Wandnähe zu erwarten. Der Einfluß dieses Fehlers mußte sich in gleichem Sinne äußern wie bei den vorhergehend erörterten Fehlerquellen.

Die rechnerischen Ableitungen über die photoelektrische Bestimmung der Sedimentationskurve und der Mischungslinie erfolgten unter der Voraussetzung, daß die D i c k e d e s L i c h t - s t r a h l e s in der Fallrichtung der Teilchen verschwindend klein ist. Bei der verwendeten Meßeinrichtung betrug sie 5 mm, d. h. nur 1 vH der gesamten Fallhöhe von 500 mm der Teilchen im Meßgefäß. Diese Fehlermöglichkeit ist dadurch auf ein praktisch bedeutungsloses Maß beschränkt.

Bei der Untersuchung von Korngemischen mit Teilchengrößen bis $d = 0,03$ cm begann bei der Aufnahme der Sedimentationskurve die Ausschlagszunahme des Galvanometers bereits nach etwa 10 s. Die mit der Stoppuhr e r r e i c h b a r e M e ß g e n a u i g k e i t liegt bei $\pm$ 0,1 s, ergibt also bei diesen kleinen Meßzeiten einen Fehler bis $\pm$ 1 vH. Die Mischungslinie wird dadurch nur im Bereiche der groben Körnungen geringfügig beeinflußt.

Die z e i c h n e r i s c h e A u s w e r t u n g der Sedimentationskurve $\log t = f_1 (\log \alpha)$ wird ungenau, wenn diese Kurve sich nur über einen kleinen Bereich der Galvanometerausschläge erstreckt. Dieser Fall kann eintreten, wenn das Gemisch wenig voneinander abweichende Korndurchmesser aufweist oder wenn der größte Korndurchmesser des Gemisches sehr gering, und gleichzeitig im Gemisch ein hoher Gehalt von feinsten Teilchen vorhanden ist, die auch nach sehr langer Absitzzeit noch schwebend bleiben. Die über dem entstehenden geringen Ausschlagsbereich aufzutragende Kurve $d = f_2 (\log \alpha)$ (s. Abb. 9, S. 18) verläuft dann außerordentlich steil, und die abschnittsweise Planimetrierung der unterhalb der Kurve gelegenen Fläche muß zwangläufig ungenau werden. Durch die Verwendung eines hinreichend großen Maßstabes für die Auftragung der Ausschläge wird man in diesen außergewöhnlichen Fällen die Fehlergröße beschränken, wenn auch nicht ganz beseitigen können.

Bei kleinen Korndurchmessern dauert die Messung der Sedimentationskurve verhältnismäßig lange. Obwohl die h e i z e n d e W i r k u n g d e s L i c h t s t r a h l s nur gering ist, kann bei langer Einwirkung eine unzulässige Erhöhung der Flüssigkeitstemperatur im Meßgefäß eintreten. Die daraus entstehenden Fehler lassen sich leicht vermeiden, wenn man den Zutritt des Lichtstrahles zum Meßgefäß nur während der Aufnahme der Meßpunkte freigibt, in der übrigen Zeit aber abblendet. Diese Maßnahme empfiehlt sich außerdem um Ermüdungserscheinungen der photoelektrischen Zelle hintanzuhalten und ihr eine möglichst lange Gebrauchsfähigkeit zu sichern. Dem gleichen Zweck dient die vor der photoelektrischen Zelle angeordnete Zerstreuungslinse (siehe Abb. 1, S. 8). Durch sie wird die Lichtmenge des bandförmigen Lichtstrahles annähernd gleichmäßig über eine größere Fläche der lichtempfindlichen Schicht verteilt und örtliche Überbelichtung verhindert.

Bei Weglassung dieser Linse trat schon nach mehrstündiger Verwendung infolge E r - m ü d u n g der getroffenen Schichtflächen ein starkes Absinken der Ausschläge ein. Zur Sicherung gegen derartige Fehler wurde die Konstanz der Photozelle vor und nach jeder Messung mittels des an das eigentliche Meßgefäß angebauten, mit reinem Wasser gefüllten Prüfgefäßes kontrolliert.

Die bedeutendste Fehlerquelle bei allen Schlämmanalysen und besonders bei den auf der Sedimentation beruhenden Verfahren bildet die K o a g u l a t i o n. Wenn in der Flüssigkeit eine bestimmte Elektrolyt-Konzentration erreicht ist, werden die langsam fallenden feinen Teilchen von den neben ihnen vorbeifallenden groben Teilen angezogen und mitgerissen. Die Geschwindigkeit der groben Teilchen wird verringert, die der feinen Teilchen erhöht, so daß die Schlämmanalyse ein mehr oder weniger verzerrtes Bild der tatsächlichen Mischungslinie liefert.

Das einfachste Mittel zu einer praktisch ausreichenden Beseitigung der Koagulation bildet die Anwendung geringer Schwebestoffkonzentrationen. G e ß n e r [1]) gibt an, daß bei einer Konzentration von etwa 2 g fester Stoffe auf 100 cm³ Flüssigkeit der Einfluß der Koagulation schon weit-

---

[1]) Die Schlämmanalyse, S. 158, s. Fußnote 1, S. 7.

gehend ausgeschaltet ist. Bei den Vergleichsversuchen war die Konzentration weit geringer. Beim photoelektrischen Verfahren lag sie zwischen 2 g und 5 g je 1000 cm³. Die Spülanalysen erfolgten unter ständiger Erneuerung des Wassers, so daß hier Koagulationen kaum in Betracht kamen.

Zum Schlusse muß als mögliche Fehlerquelle noch die primitive Art der Aufrechterhaltung der gleichmäßigen Verteilung des Korngemisches im Wasser während des Durchflusses erwähnt werden. Während dieses Durchflusses durch das Beobachtungsgefäß sollte ständiges Rühren der Aufschlämmung in dem hochliegenden Zulaufbehälter für eine gleichmäßige Verteilung der Körner im abfließenden Wasser sorgen. Während der kurzen Durchflußzeit konnte keine Änderung des Galvanometerausschlages beobachtet werden. Es ist dennoch denkbar, daß insbesondere gröbere Körner in dem Mischbehälter zurückgehalten wurden, da in dem ebenen Behälterboden nur eine einzige Ablauföffnung von 12 mm Dmr. vorhanden war.

Es wäre verfehlt, auf die Aufzählung aller dieser Fehlermöglichkeiten hin die Genauigkeit der photoelektrischen Schlämmanalyse ungünstig zu beurteilen. In welchem Maße die erwähnten Fehlermöglichkeiten zutreffen und in welchem Sinne sie sich überlagern und das Ergebnis beeinflussen, konnte nur durch Vergleichsversuche mit anderen Arten der Schlämmanalyse festgestellt werden.

8. Vergleiche mit Schlämmanalysen nach dem Spülverfahren.

Für die Ausführung von Vergleichsversuchen stand ein handelsüblicher Schlämmapparat nach Kopecky[2]) mit zwei zylindrischen und zwei birnenförmigen Spülröhren zur Verfügung. Nach Angabe der Lieferfirma waren die Spülröhren bei einem Wasserdurchfluß von 45 cm³/15 s mittels Quarzkugeln von 2,65 spez. Gewicht für Durchmesserabstufungen > 0,02 cm, 0,02 bis 0,01 cm, 0,01 bis 0,005 cm und 0,005 bis 0,002 cm bei 20⁰ durch mikroskopische Messung der Korngrößen der einzelnen Fraktionen geeicht. Für die Benützung des Apparates bei Temperaturen über oder unter 20⁰ war im Eichschein vorgeschrieben den Wasserdurchfluß für je 1⁰ um 1 cm³/15 s zu vergrößern oder zu verkleinern.

Sämtliche Messungen wurden bei gleichbleibenden Wassertemperaturen, die zwischen 13⁰ und 15⁰ lagen, ausgeführt.

Das verwendete Korngemisch war einer neueren Schwebestoffablagerung des Isarbettes bei Krün entnommen. Durch Siebung wurden gröbere Teile als d = 0,03 cm entfernt, der Rest in einige Kornabstufungen zerlegt und aus diesen wurden Gemische mit verschieden großem Anteil an feinen und groben Bestandteilen hergestellt. Unter dem Mikroskop zeigte sich das verwendete Kornmaterial vollständig frei von organischen Beimengungen und wies einen verhältnismäßig hohen Anteil gleichförmig abgerundeter Teilchen von gleicher stofflicher Art auf. Das spezifische Gewicht des kornbildenden Materials ergab sich nach dem Pyknometerverfahren zu 2,645 g/cm³.

Für jeden Vergleichsversuch sollte eigentlich je eine Probe des gleichen Korngemisches nach dem photoelektrischen und nach dem Spülverfahren untersucht werden. Die vollständige Gleichheit zweier Proben desselben Korngemisches ist schwierig zu erzielen. Um etwa darin begründete Fehler zu vermeiden, wurde nur eine einzige genau abgewogene Probe jedes Gemisches entnommen, mit etwa 10 l reinem Wasser aufgeschlämmt und zunächst in der photoelektrischen Meßeinrichtung in der bereits früher beschriebenen Weise untersucht. Hierauf wurden durch sorgfältige Durchspülung mit reinem Wasser alle Reste des Korngemisches aus der Apparatur entfernt und das Spülwasser zusammen mit der bei der Messung verwendeten Aufschlämmung dem Kopecky-Apparat im Laufe mehrerer Stunden allmählich zugefügt. Für jede Schlämmanalyse nach dem Spülverfahren wurden ca. 20 h verwendet unter ständiger Zugabe von Frischwasser, um eine möglichst vollständige Trennung der Durchmesserabstufungen und Ausspülung der feinsten Teilchen zu erzielen.

Das Ergebnis einiger dieser Vergleichsversuche ist für Korngemische verschiedener Zusammensetzung in Abb. 10 dargestellt. Die mit Hilfe des photoelektrischen Verfahrens erhaltenen

---

[2]) Beschrieben in: ,,Die Schlämmanalyse", S. 126 ff., s. Fußnote 1, S. 7.

Mischungslinien sind in ihrem gesamten Verlauf eingezeichnet. Das Spülverfahren lieferte entsprechend der Zahl der verwendeten Spülröhren nur je 4 Punkte der Mischungslinie. Es wurde davon abgesehen, diese Punkte durch einen mehr oder minder gefühlsmäßig eingetragenen Kurvenzug zu verbinden.

Als Ergebnis der Vergleichsversuche läßt sich folgendes feststellen:

Bei den Analysen b, c und f der Abb. 10 decken sich die Ergebnisse vollständig.

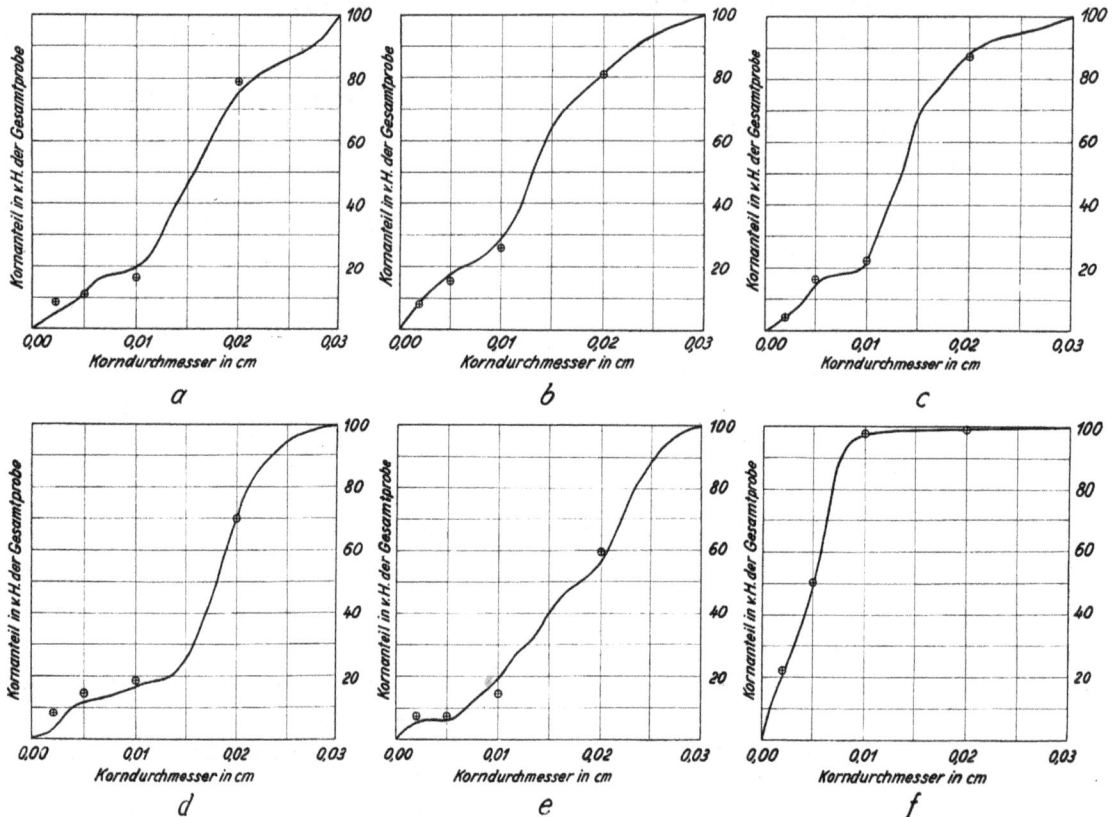

Abb. 10. Vergleich von Schlämmanalysen nach dem photoelektrischen und nach dem Spülverfahren.
—— Mischungslinie nach dem photoelektrischen Verfahren.
⊙ Ergebnisse des Spülverfahrens mit einem Kopecky-Apparat.

Bei den übrigen Mischungslinien sind Abweichungen geringen Ausmaßes nur bei kleinen Korndurchmessern vorhanden. Die Abweichungen liegen nicht systematisch über oder unter den Werten des Spülverfahrens.

Da auch die bisher gebräuchlichen Schlämmverfahren unvermeidbare Fehlerquellen enthalten, muß es vorerst fraglich bleiben, ob diese Abweichungen auf Fehlern des photoelektrischen Schlämmverfahrens oder des benützten Vergleichsverfahrens beruhen.

Das Spülverfahren liefert nur einzelne Punkte der Mischungslinie. Bei ungünstiger Verteilung dieser Punkte ist die Eintragung der Mischungslinie mit einer gewissen Willkür behaftet. Das photoelektrische Verfahren liefert den genauen Verlauf der Mischungslinie in beliebig vielen Punkten.

Für die Bewertung der praktischen Verwendbarkeit eines Verfahrens ist nicht nur die Handlichkeit der Meßeinrichtung und die erreichbare Genauigkeit der Ergebnisse, sondern auch der für die Messung aufzuwendende Zeitbedarf maßgebend.

Die für das Spülverfahren bei den Vergleichsversuchen aufgewendete außergewöhnlich lange Zeit von 20 h war durch das große Volumen der allmählich zuzufügenden Aufschlämmung bedingt und außerdem in dem Streben nach möglichst hoher Genauigkeit begründet. Für einen

Vergleich mit dem photoelektrischen Verfahren ist sie deshalb nicht geeignet. Nach G e ß n e r[1]) be-nötigt die Schlämmanalyse nach dem Spülverfahren bei einer Höhe der Schlämmzylinder von 36 cm und einer Genauigkeit der Kornabgrenzung von 1 vH für kleinste Teilchen von 0,002 cm Dmr. eine Zeitdauer von 14 h. Die Verwendung kürzerer Spülzylinder für die feinen Fraktionen ermög-licht eine wesentliche Verringerung der Spüldauer. Sie wird weiter vermindert, wenn die An-sprüche an die Genauigkeit der Durchmesserabgrenzung geringer sind, wie dies vielfach der Fall ist. Mit einer Dauer von 6 bis 7 h wird man aber auch dann noch rechnen müssen.

Demgegenüber erforderte die Ausführung der Beobachtungen bei den einzelnen Vergleichs-versuchen nach dem photoelektrischen Verfahren nur einen Zeitaufwand von ungefähr 50 min. Er hängt von der Höhe des Durchflußgefäßes und der Sinkgeschwindigkeit der kleinsten Teilchen des Gemisches ab. Wird das Durchflußgefäß beiderseits mit Glaswandungen an Stelle der einge-kitteten Fenster versehen, so läßt sich die Fallhöhe durch Heben oder Senken des Gefäßes ver-ändern und dem zu untersuchenden Korngemisch unter entsprechender Änderung der benötigten Meßzeit anpassen.

Zusammenfassend kann angegeben werden, daß die bisherigen Erprobungen und Vergleiche die Richtigkeit des photoelektrischen Verfahrens bestätigten, eine b e f r i e d i g e n d e Ü b e r -e i n s t i m m u n g mit dem Spülverfahren lieferten und die Meßeinrichtung als geeignet und ent-wicklungsfähig erkennen ließen.

9. Bestimmung des Schwebestoffgehaltes k einer Flüssigkeit oder eines Wasserlaufes mit Hilfe des „gleichwertigen Korndurch-messers" d_g.

Im Abschnitt 4 (s. S. 14) wurde der Begriff „gleichwertiger Korndurchmesser" eingeführt. Die für ein Korngemisch auftre-tende geradlinige Abhängigkeit von Konzentration und logarith-mischer Ausschlagsminderung bleibt ungeändert, wenn man sich das Korngemisch durch eine einheitliche Korngröße von „gleich-wertigem Durchmesser"

$$d_g = \frac{\int (d \cdot d \log \alpha)}{\log \alpha_0 - \log \alpha_n} \quad . \quad \text{(s. Gl. 5, S. 14)}$$

ersetzt denkt, der nach den Ausführungen des Abschnittes 4 in folgender Weise bestimmt wird (siehe Abb. 11).

a) Auftragen der Sedimentationskurve $\log t = f_1 (\log \alpha)$. α_n bezeichnet den kleinsten Ausschlag, der vor Beginn des Absinkvorganges erhalten wird.

b) Umzeichnen dieser Kurve in $d = f_2 (\log \alpha)$ mit Hilfe der Gleichungen für die Sinkgeschwindigkeit v.

c) Ausmessen der von dieser Kurve über der Basislänge $(\log \alpha_0 - \log \alpha_n)$ eingeschlossenen Fläche $\int (d \cdot d \log \alpha)$.

Der gleichwertige Korndurchmesser ergibt sich als Höhe der in ein Rechteck von gleicher Basislänge verwandelten Kurvenfläche.

Mit Hilfe der Bestimmung des gleichwertigen Korndurch-messers ist es möglich zu prüfen, ob die bei Ableitung der Glei-chung (2)

$$\log \alpha_0 - \log \alpha = -\frac{k}{d} \cdot C_2$$

gemachten Annahmen zutreffen. Die bisher mitgeteilten Er-gebnisse und besonders die vergleichenden Schlämmanalysen

[1]) Die Schlämmanalyse, S. 118, s. Fußnote 1, S. 7.

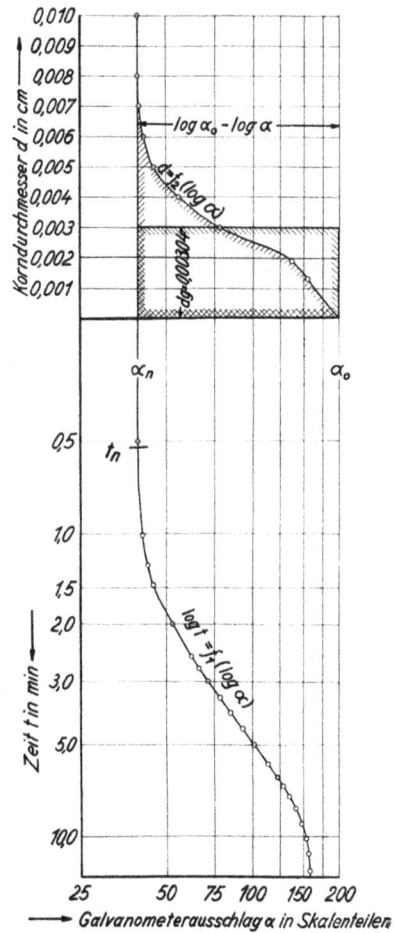

Abb. 11. Bestimmung des gleichwertigen Korndurchmessers.

24   B. Esterer:

bestätigen zwar die Richtigkeit aller theoretischen Ableitungen, jedoch konnte der in Gleichung (2) gegebene Zusammenhang von Konzentration, Korndurchmesser und Galvanometerausschlag nicht unmittelbar durch Versuche mit Materialproben von gleichmäßiger Korngröße bewiesen werden (s. Abschn. 2, S. 13).

Es wurden für jeden derartigen Nachweis größere Probemengen eines Korngemisches im Kopecky-Apparat in Durchmesserabstufungen von 0,01 bis 0,005 cm, 0,005 bis 0,002 cm und < 0,002 cm zerlegt. Sowohl von der unzerlegten Probe als auch von den Kornabstufungen wurden Aufschlämmungen verschiedener Konzentration hergestellt, sodann die Eichgeraden im (k, log α)-Diagramm ermittelt und für sämtliche Aufschlämmungen die zugehörigen gleichwertigen Durchmesser nach dem angegebenen Verfahren bestimmt. Bei gleichen Galvanometerausschlägen muß-ten sich die Ordinaten dieser Geraden wie die zugehörigen, aus den Sedimentationskurven ermittelten gleichwertigen Durchmesser verhalten. Abb. 12 zeigt das Ergebnis einer solchen Nachprüfung für eine aus dem Isarbett bei Krün entnommene Schwebestoff-

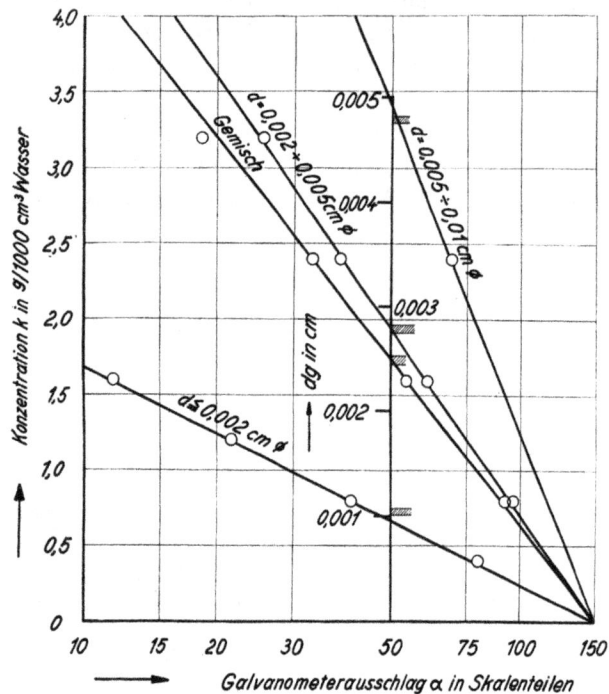

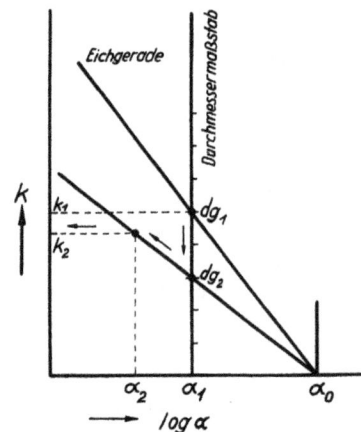

Abb. 12. Vergleich der gleichwertigen Durchmesser mit Eichgeraden für verschiedene Kornabstufungen eines Gemisches.

Abb. 13. Konzentrationsbestimmung mit Hilfe einer Eichung.

ablagerung. Auf der willkürlichen Lotrechten durch α = 50 Sk.T. ist eine gleichmäßige Maßstabs-einteilung für die d_g-Werte angegeben, die so gewählt wurde, daß der für das ursprüngliche Schwebestoffgemisch erhaltene gleichwertige Durchmesser auf den Schnittpunkt mit der zugehörigen Eichgeraden zu liegen kam. Die Auftragung aller ermittelten d_g-Werte auf der lotrechten Maßstabsteilung lieferte für jede Kornabstufung geringe Streuungen, die in der Zeichnung durch Schraffur kenntlich gemacht sind. Die Übereinstimmung der d_g-Werte mit den Ordinatenab-schnitten der Eichgeraden ist jedoch befriedigend.

Es muß aber erwähnt werden, daß bei weiteren derartigen Versuchen zum Teil größere Ab-weichungen auftraten, deren Ursache bisher noch nicht einwandfrei geklärt ist und nur in einer Unvollkommenheit der Meßeinrichtung vermutet werden kann.

Unter dem Vorbehalte der Beseitigung dieser Fehlerquelle wird im folgenden die Bestim-mung des Schwebestoffgehaltes k einer Wasserprobe an Hand der Abb. 13 erläutert:

a) Mit dem Material, das der betreffende Wasserlauf schwebend mitführt, wird zunächst die Eichgerade im (k, log α)-Diagramm aufgestellt. In den meisten Fällen wird es genügen, für eine einzige Ausschlagsgröße α_1 den zugehörigen Schwebestoffgehalt k_1 durch Filtration einer Wasserprobe und Wägung des getrockneten Filterrückhaltes zu bestimmen. Der d_{g1}-Wert dieser Eichgeraden, der sich aus der Sedimentationskurve wie oben beschrieben ergibt, liefert längs einer beliebigen Vertikalen die Maßstabteilung für die gleichwertigen Korndurchmesser. In der schematischen Abb. 13 ist diese Skala über dem im Durchfluß-versuch gemessenen anfänglichen Ausschlag α_1 aufgetragen.

b) Soll nun der Schwebestoffgehalt k_2 einer dem Wasserlauf entnommenen weiteren Probe mit beliebiger anderer Kornzusammensetzung des gleichen Materials festgestellt werden, so ist der anfängliche Ausschlag α_2 und der gleichwertige Korndurchmesser d_{g2} zu bestimmen. Man zieht im $(k, \log \alpha)$-Diagramm von α_0 aus durch den Punkt d_{g2} der Maßstabsvertikalen einen Strahl, auf dem der zugehörige k_2-Wert bei dem anfänglichen Ausschlag α_2 abgelesen wird (siehe Abb. 13).

Rechnerisch läßt sich das angegebene zeichnerische Verfahren durch eine zweimalige Anschreibung der Gleichung (2) ausdrücken:

$$\log \alpha_0 - \log \alpha_1 = - C_2 \cdot \frac{k_1}{d_{g1}}$$

$$\log \alpha_0 - \log \alpha_2 = - C_2 \cdot \frac{k_2}{d_{g2}}$$

Durch Division der beiden Gleichungen erhält man den gesuchten Schwebestoffgehalt

$$k_2 = k_1 \frac{d_{g2} (\log \alpha_0 - \log \alpha_2)}{d_{g1} (\log \alpha_0 - \log \alpha_1)} \; .$$

Zur Bestimmung des Schwebestoffgehaltes ist die Aufnahme einer Sedimentationskurve für jede Wasserprobe erforderlich. Sie kann nur dann entbehrt werden, wenn die Kornzusammensetzung des Schwebestoffes aller Proben stets gleichbleibt und nur ihr Schwebestoffgehalt sich ändert. In diesem Falle genügt es zur Bestimmung von k einmalig die Eichgerade im $(k, \log \alpha)$-Diagramm aufzustellen und für jede weitere Probe nur den Durchflußwert α zu messen.

Auf diesen Sonderfall bezieht sich die von Jakuschoff veröffentlichte „photoelektrische Methode zur Untersuchung der Schwebestofführung in Wasserläufen“[1]). Er gibt in dieser Arbeit photoelektrische Meßeinrichtungen an, die ähnlich wie die der Geschwindigkeitsmessung dienenden Schwimmflügel an einem Seil in den Wasserlauf versenkt werden können, um ohne Entnahme von Wasserproben den Schwebestoffgehalt in beliebigen Punkten eines Fließquerschnittes festzustellen. Diese Feststellung soll mit einfachen Eichkurven erfolgen, die für jede Art des Schwebestoffes die Abhängigkeit des Galvanometerausschlages von der Konzentration angeben. Er betont dabei die Bedeutung der mechanischen Zusammensetzung des Schwebestoffes, die bei stärkerer Abweichung auch die Eichkurve etwas ändere, nimmt jedoch an, daß in vielen Fällen eine mittlere Kurve genügend genaue Werte liefere. Die Einfachheit und allgemeine Anwendbarkeit des Verfahrens nach Jakuschoff erleidet eine wesentliche Einschränkung durch zwei Tatsachen:

1. Die Schwebestoffzusammensetzung in einem Wasserlauf ist zeitlich und örtlich im Wasserquerschnitt und entlang des Flußlaufs verschieden.

2. Selbst wenn die Änderungen nicht groß sind, tritt eine starke Beeinflussung des Galvanometerausschlages ein, denn dieser wird durch die Kornzusammensetzung in gleich starkem Maße, aber in entgegengesetztem Sinne beeinflußt wie durch die Konzentration.

Auf die Ermittlung der Sedimentationskurve kann im allgemeinen nicht verzichtet werden, wenn zutreffende Werte für den Schwebestoffgehalt erzielt werden sollen. Das Meßgerät muß sich deshalb außerhalb des Wassers befinden. Der unbestreitbare Vorzug, den ein Tauchgerät nach Jakuschoffscher Bauart in bezug auf seine Handhabung insbesondere bei Vollmessungen in ganzen Flußquerschnitten bieten würde, kommt in Wegfall. Das vom Forschungsinstitut benutzte Meßgerät läßt sich aber durch zusätzliche Einrichtungen ebenfalls derartigen Zwecken anpassen. Bei kleineren Wasserläufen kann die Wasserentnahme von einem Steg aus mittels eines an eine kleine

1) Siehe Fußnote 2, S. 7.

Diaphragma- oder Flügelpumpe angeschlossenen Saugrohrs von beliebigen Stellen des Fließquerschnittes erfolgen. Die Beschickung des Meßgerätes geschieht dabei entweder durch Umfüllen
von Hand oder durch eine, an die Druckseite der Pumpe angeschlossene Schlauchleitung. Bei
großen Wasserläufen wird das Meßgerät zweckmäßig auf einem Boot untergebracht und die Entnahme und Zuleitung des schwebestoffhaltigen Wassers mit Saugrohr, Pumpe und Schlauch vorgenommen. Wenn die Schwankungen des Fahrzeugs so groß sind, daß dadurch die Galvanometer-
ablesung und die Sedimentation gestört würde, so kann nur die Abfüllung der Probe nicht aber
die vollständige Messung vom Boot aus erfolgen.

Zum Schlusse sei noch auf eine wesentliche Voraussetzung der Anwendbarkeit des photoelektrischen Verfahrens für Schwebestoffmessungen in Flüssen hingewiesen. Alle bisherigen theoretischen Ableitungen und Erprobungen galten für Korngemische aus einheitlichem Baustoff. In
Abb. 4, S. 11, wurden Abhängigkeitskurven des Galvanometerausschlages von der Konzentration
für verschiedene Stoffe und Kornabstufungen gebracht. Bei gleicher Kornabstufung und gleicher
Konzentration ergaben sich für die untersuchten Materialien stark verschieden Ausschläge, z. B.

bei $k = 0{,}4$ cm³/l und $d = 0{,}002$ bis $0{,}005$ cm

für Schlämmkreide . . . . $\alpha =$ rd.   66 Sk.T.
„ chinesischen Löß . . . . $\alpha =$ „   202 „
„ Bimssteinpulver. . . . . . . $\alpha =$ „   224 „

Derartig große Ausschlagsunterschiede können nicht durch die innerhalb der gleichen Frak-
tionsgrenzen vorhandenen Unterschiede der Kornzusammensetzung hervorgerufen werden. Es ist anzunehmen, daß sie hauptsächlich von der G e s t a l t d e r T e i l c h e n herrühren, die für jedes Material
verschieden ist und von dessen Gefüge, sowie von der Korngröße und der Art des stattgefundenen
Zerkleinerungsvorganges abhängt. So können z. B. blättchenförmige Teilchen eines Materials im
Wasser die gleiche Sinkgeschwindigkeit aufweisen, wie kugelige Teilchen eines anderen Stoffes
und dennoch bei gleicher Konzentration verschieden große Galvanometerausschläge bei der Durch-
leuchtung hervorrufen. Es ist ferner denkbar, daß die schwebenden Teilchen durch ihre Oberflächenbeschaffenheit und Farbe ähnlich wie unterschiedliche Farbfilter wirken. Die Stärke des
Photostromes der lichtempfindlichen Zelle ist aber nicht nur abhängig von der Beleuchtungsstärke
sondern auch von der Wellenlänge des auftreffenden Lichtes. Die Untersuchung des Einflusses
der Kornform verschiedener Schwebestoffe auf den Galvanometerausschlag unter Benutzung mono-
chromatischen Lichtes würde eine besonders wertvolle und für den Verwendungsbereich dieses
photoelektrischen Verfahrens aufschlußreiche Ergänzung der bisherigen Darlegungen bilden.

Wenn sich der von einem Wasserlauf mitgeführte Schwebestoff nicht nur nach Konzentration
und Kornzusammensetzung sondern auch seiner s t o f f l i c h e n Z u s a m m e n s e t z u n g nach stark
ändert, werden bei der photoelektrischen Untersuchung, wie im Vorstehenden dargelegt ist, Galvanometerausschläge erhalten, für welche die bisher abgeleiteten Gesetze nicht mehr anwendbar sind.

Kleine stoffliche Verschiedenheiten der Schwebestoffe sind bei fast allen Wasserläufen vorhanden. Größere Unterschiede können auftreten, wenn das Einzugsgebiet des Wasserlaufes aus
geologisch und hydrologisch stark verschiedenen Teilen besteht. Je nach dem Gebiet, aus welchem
der Hauptanteil des schwebestoffführenden Hochwassers anfällt, wird auch die stoffliche Zusammensetzung des Schwebestoffes sich verändern. Es ist deshalb nötig, sich vor der Ausführung photo-
elektrischer Schwebestoffmessungen zu vergewissern, daß das Schwebestoffmaterial aus gleich-
bleibend zusammengesetzten Baustoffen besteht. Dies kann durch chemische und mikroskopische
Untersuchung von Schwebestoffablagerungen oder Filterproben geschehen.

10. Bestimmung des Schwebestoffgehaltes *k* für teilweise sedimentierte Korngemische.

Bei der Fabrikation pulverförmiger Stoffe werden zur Erzielung bestimmter Durchmesser-
fraktionen unter anderem auch Spül- und Sedimentationsverfahren im großen verwendet, wobei

ähnlich wie bei der Schlämmanalyse die gröberen Bestandteile aus dem ursprünglichen Gemisch ausscheiden. Für die Fabrikationsüberwachung ist die laufende Bestimmung der Konzentration und Zusammensetzung der noch nicht abgeschiedenen Bestandteile der Aufschlämmung wichtig. Sie gestaltet sich mit Hilfe des photoelektrischen Verfahrens besonders einfach.

Abb. 14 zeigt gemessene Sedimentationskurven für verschieden große anfängliche Konzentrationen des gleichen Korngemisches. Zu einer beliebigen Zeit $t =$ konst scheiden aus den sämtlichen Aufschlämmungen die gleichen Korndurchmesser aus. Nach Gleichung (2)

$$\log \alpha_0 - \log \alpha = - \frac{k}{d} \cdot C_2$$

wird somit die logarithmische Ausschlagsminderung proportional der Konzentration, d. h. ein größerer oder kleinerer Schwebestoffgehalt bei Beginn des Absetzvorganges ändert nur den Abszissenmaßstab der Kurve $\log t = f_1 (\log \alpha)$, nicht aber die Mischungslinie.

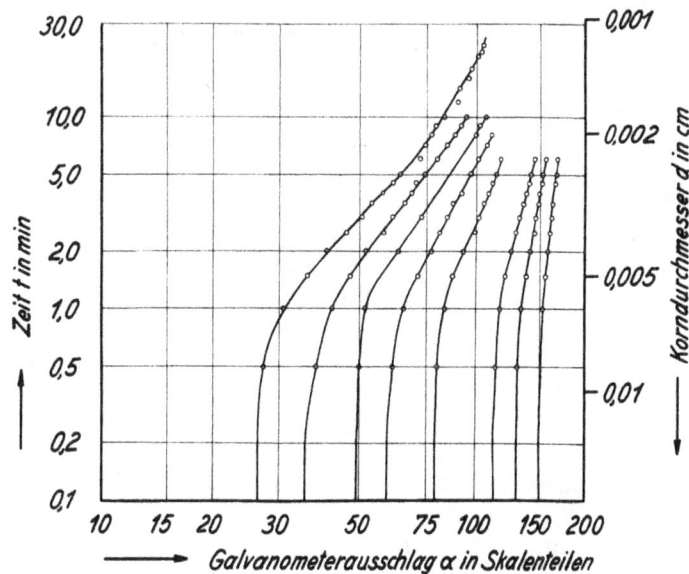

Abb. 14. Sedimentationskurven für verschieden große Konzentrationen des gleichen Korngemisches.

Im Zeit-Ausschlag-Diagramm werden die Zeiten, die das Ausscheiden der verschiedenen Korngrößen angeben, nicht geändert, wohl aber erfahren die Logarithmen der Ausschläge bei gleichen Zeiten eine der geänderten Konzentration proportionale Vergrößerung oder Verkleinerung, d. h. die Kurven verschieben sich bei gleicher Höhenlage der Zeitordinaten nach links, wenn der anfängliche Schwebestoffgehalt größer ist, oder nach rechts, wenn der anfängliche Schwebestoffgehalt kleiner ist.

Die Konzentrationsbestimmung von Schwebestoffen, die aus der gleichen ursprünglichen Aufschlämmung bestehen und ihre Zusammensetzung nur durch das A b s e t z e n d e r g r ö b e r e n T e i l e verändert haben, ist deshalb in folgender Weise durchführbar:

a) Für die ursprüngliche Aufschlämmung werden Schwebestoffgehalt k durch Filtration, ferner Sedimentationskurve und Mischungslinie bestimmt. Da die ursprüngliche Konzentration bekannt ist, geht aus der Mischungslinie der zu jedem Punkt der Sedimentationskurve gehörige k-Wert hervor.

b) Auftragen der Sedimentationskurve $\log t = f_2 (\log \alpha)$ und der zu ihren t-Werten gehörigen Durchmesser und k-Werte (siehe ausgezogene Kurven der schematischen Abb. 15).

c) Für alle weiteren Bestimmungen der Konzentrationen und Kornzusammensetzung braucht man nur den Ausschlag α_1' und die zugehörige Zeit t_1' zu beobachten, die bei ungeänderter

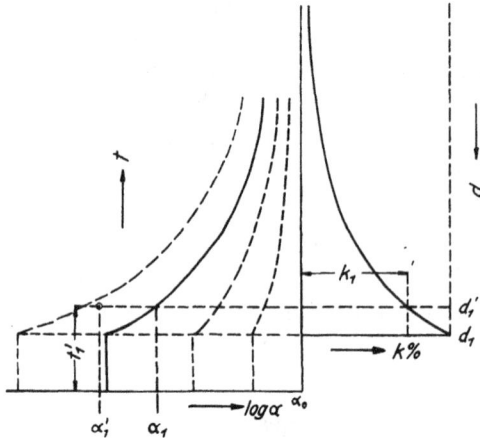

Abb. 15. Bestimmung der Konzentration und Kornzusammensetzung für teilweise sedimentierte Gemische.

Absinkhöhe h des Durchflußgefäßes verstreicht bis eine Verringerung des anfänglichen Ausschlages eintritt.

d) Aus der ursprünglichen Absinkkurve sind für die gleiche Zeit t_1' die Werte α_1 und k_1 zu entnehmen. Es ist dann der gesuchte Schwebestoffgehalt

$$k' = k_1 \cdot \frac{\log \alpha_0 - \log \alpha_1'}{\log \alpha_0 - \log \alpha_1}$$

und die neue Mischungslinie umfaßt nur den von $d = 0$ bis d_1' sich erstreckenden Teil der bisherigen Mischungslinie.

Es ist zu erwarten, daß gerade diese Art der Messung für viele Zwecke anwendbar sein wird.

D. Zusammenfassung.

Durch die Verwendung einer einfachen photoelektrischen Meßeinrichtung konnte die Schwächung der Lichtstärke, die beim Durchgang durch Aufschlämmungen von Korngemischen aus einheitlichem Grundstoff entsteht, mit einem hochempfindlichen Galvanometer gemessen und das Gesetz für die Abhängigkeit des Galvanometerausschlages vom Schwebestoffgehalt und der Korngröße der Schwebestoffe abgeleitet und nachgewiesen werden.

Das verwendete Überlaufgefäß ermöglichte Messungen der Lichtschwächung sowohl beim Durchfluß der zu untersuchenden Aufschlämmung als auch während des Absinkvorganges. Aus den während der Absinkzeit erfolgenden Änderungen des Galvanometerausschlages wurde ein Verfahren zur Ermittlung der Kornzusammensetzung entwickelt und auf die vorhandenen Fehlermöglichkeiten näher eingegangen. Ausgeführte Vergleiche von Schlämmanalysen nach diesem photoelektrischen Verfahren und nach dem Spülverfahren mit einem Kopecky-Apparat ergaben eine befriedigende Übereinstimmung der Mischungslinien, eine beträchtliche Zeitersparnis und damit eine vorteilhafte Verwendbarkeit des photoelektrischen Verfahrens für die Praxis. Zudem erhält man beim photoelektrischen Verfahren den ganzen Kurvenverlauf der Mischungslinie, während man bei der Schlämmanalyse nach dem Spülverfahren nur so viele Punkte dieser Kurve erhält, als Spülröhren vorhanden sind.

Als weiteres besonders wichtiges Anwendungsgebiet dieses Verfahrens wurde die Schwebestoffmessung in Wasserläufen eingehend erörtert. Um Messungen an beliebigen Stellen eines Flußquerschnittes leicht und in verhältnismäßig kurzer Zeit ausführen zu können, sollen die Speisung des Meßgefäßes durch eine kleine von Hand betätigte Pumpe und die Entnahme der Wasserproben durch eine an die Pumpe angeschlossene Saugleitung erfolgen. Solche Messungen geben Aufschluß über die Kornzusammensetzung und die Verteilung der Schwebestoffe im Flußquerschnitt. Bei wechselnder Kornzusammensetzung des Schwebestoffes ist für die Bestimmung des Schwebestoffgehaltes nicht nur eine Eichung des Meßgerätes mit dem Schwebestoffmaterial, sondern für jede entnommene Wasserprobe auch die Aufnahme einer Sedimentationskurve nötig. Der hieraus leicht zu bestimmende „gleichwertige Korndurchmesser" ermöglicht die Ermittlung des Schwebestoffgehaltes auf verhältnismäßig einfache Weise. Für Schwebestoffe, deren Kornzusammensetzung sowohl der Größe als auch dem Material nach stark wechselt, muß die Anwendbarkeit des photoelektrischen Verfahrens vorerst verneint werden.

Für Aufschlämmungen, deren Kornzusammensetzung sich nur durch das Ausscheiden der gröberen Teile verändert, konnte ein besonders einfaches Verfahren zur Bestimmung des Schwebestoffgehaltes und der Mischungslinie vorgeschlagen werden. Diese Art der Messung dürfte besonders zur Überwachung der Gleichförmigkeit von Korngemischen bei der Fabrikation pulverförmiger Stoffe geeignet sein.

Die Anwendbarkeit der Meßeinrichtung ist nicht auf Messungen von Schwebestoffen in Flüssigkeiten beschränkt, sondern sie erstreckt sich auch auf die Messung von Schwebestoffen in luftförmigen Medien.

Mit den in dieser Arbeit erfolgten Darlegungen wird nicht der Anspruch auf eine in allen physikalischen Einzelheiten geklärte Theorie und auf eine fabrikationsreife Meßeinrichtung erhoben. Abrundungen der theoretischen Erkenntnisse und Verbesserungen der Meßeinrichtung sollen der Praxis und dem Interesse der Stellen anheimgestellt werden, für die die photoelektrische Schlämmanalyse Vorteile zu bieten vermag.

Die bisher ausgeführten Versuche berechtigen zu dem Urteil, daß die photoelektrische Schlämmanalyse in Laboratorien für bodenkundliche Untersuchungen, ferner bei Schwebestoffmessungen in Flußläufen und für Zwecke der Fabrikationsüberwachung angewendet werden kann und daß sie noch weiter entwicklungsfähig ist.

Versuche zur Frage der Werkstoffanfressung durch Kavitation.

Von

Dr. phil. Hellmut Schröter V.D.I.

A. Einleitung.

Am Walchenseekraftwerk wurden in den letzten Jahren Versuche zur Beobachtung der Werkstoffanfressungen durch Kavitation unternommen. Die Versuche sind von dem Kaiser-Wilhelm-Institut für Strömungsforschung in Göttingen im Jahre 1932 begonnen worden und wurden im Jahre 1934 vom Forschungsinstitut für Wasserbau und Wasserkraft auf Grund gegenseitiger Vereinbarung weiter fortgeführt. Die Bayernwerk AG. stellte in dankenswerter Weise die zur Ausführung der Versuche benötigte Wassermenge aus einer der Druckrohrleitungen des Walchensee-werkes kostenlos zur Verfügung. Im folgenden wird zum ersten Male eine Gesamtübersicht unter einheitlichen Gesichtspunkten über die bisher durchgeführten Versuche gegeben. Die Versuche sind zum großen Teil bereits in getrennten Abschnitten in der VDI-Zeitschrift veröffentlicht[1]).

Werkstoffanfressungen werden als Folgen der Kavitation häufig beobachtet. Es sei hier kurz eingeschaltet, daß Kavitation oder Hohlraumbildung innerhalb einer Flüssigkeitsströmung überall dort einsetzt, wo infolge hoher Strömungsgeschwindigkeiten der Druck im Verlauf der Strömung unter die Dampfspannung der Flüssigkeit sinkt. An diesen Stellen findet ein Verdampfen der Flüssigkeit statt, das zu der Entstehung von Hohlräumen innerhalb der Flüssigkeit führt. Als Folge der Kavitation treten Leistungsverschlechterungen der Wasserkraftmaschinen, weiterhin aber auch Zerstörungen der Baustoffe auf, die sich nach Art und Geschwindigkeit von allen bisher bekannten chemischen und elektrolytischen Korrosionen unterscheiden. Besonders bekannt sind die Anfressungserscheinungen der Laufräder von Turbinen und die Werkstoffzerstörungen bei Schiffsschrauben von hoher Schnelläufigkeit. Sie führen in manchen Fällen schon in sehr kurzer Zeit zu beträchtlichen Zerstörungen und wirtschaftlichen Schäden und zwar in Zeiträumen, in denen die üblichen Abnutzungserscheinungen noch keine Rolle spielen.

In der Praxis hat sich ein großes Tatsachenmaterial über diese Frage der Anfressungen bei Kavitation aufgehäuft, jedoch waren an systematischen, experimentellen Untersuchungen über diese Erscheinungen zu der Zeit, in der die Versuche am Walchenseewerk aufgenommen wurden, nur sehr wenige bekannt, da die meisten in den Laboratorien der Industrie gemacht worden sind und zunächst unveröffentlicht blieben. Im Zusammenhange mit anderen Kavitationsversuchen hatte man einige Versuche in den Laboratorien der Technischen Hochschulen gemacht, wie z. B. bei Prof. H. Föttinger[2]), bei dessen Versuchen zum ersten Male Anfressungen auch an Glas be-

---

[1]) Vgl. Literaturverzeichnis Nr. 12. Die Abbildungen mit der Bezeichnung RZ... und Z... wurden bereits in der VDI-Zeitschrift veröffentlicht und sind dieser Zeitschrift mit Erlaubnis des Verlages entnommen.

[2]) Vgl. Literaturverzeichnis Nr. 6.

obachtet wurden. Diese Tatsache wurde von Föttinger als Beweis einer primären mechanischen Stoßwirkung der Kavitation angesehen. Neben dieser Theorie von der „primären mechanischen Stoßwirkung", die eine sekundäre Beteiligung chemischer und elektrolytischer Vorgänge offenließ, hatten sich weitere Theorien über beschleunigte chemische und elektrolytische Einwirkungen auf Grund der turbulenten Erscheinungen in dem Dampf-Wassergemisch gebildet.

Eine Entscheidung über diese Theorien konnte nur durch experimentelle Arbeiten gebracht werden. Die Anfressungen entstehen, wie experimentell festgestellt wurde, an den Zusammensturzstellen der Hohlräume; jedoch reichen die beim Zusammenstürzen der Hohlräume erfolgenden und berechenbaren Wasserschläge nach den bisherigen Auffassungen von der Dauerfestigkeit der Baustoffe für eine Erklärung der rein mechanischen Natur der Anfressungen nicht aus. Man mußte also entweder Zusatzannahmen über das Auftreten wesentlich höherer Stoßdrücke infolge der Kompression von Gasresten machen oder die Mitbeteiligung chemischer oder elektrolytischer Vorgänge am Zerstörungsprozeß vermuten. Eine dritte Möglichkeit, die im Laufe der weiteren Forschungen zutage trat, war die Annahme, daß infolge der unzählig vielen und sehr schnell verlaufenden Dampfblasenzusammenstürze und der darauffolgenden Wasserschläge eine mechanische Zerstörung des Materials bei erheblich geringeren Druckwirkungen als aus den Dauerfestigkeitsversuchen unter normalen Umständen zu folgern war, erfolgt.

Die Entscheidung über diese Fragen kann durch die experimentellen Versuche nur schrittweise erfolgen. Es gelang zunächst nicht, einen Kondensationsvorgang eines einzelnen Dampfbläschens so weit experimentell zu verfolgen, daß die Einzelheiten des Zusammensturzvorganges und die durch diesen entstehende Druckwirkung direkt beobachtet werden konnten. Die Beobachtung mit den modernsten Zeitdehnern reichte infolge der Schnelligkeit des Zusammensturzvorganges nicht aus. Man konnte lediglich beobachten, wie die Blasen unter Vergrößerung ihres Volumens durch den Hohlraum wanderten und plötzlich zusammenstürzten. Die Turbulenz im Zusammensturzgebiet, die schnelle zeitliche Folge und die Vielzahl nebeneinander verlaufender Prozesse erschweren das Eindringen in diese Einzelvorgänge. Es ergibt sich daraus auch die Schwierigkeit, die momentan und örtlich auf sehr kleine Fläche erfolgenden Stoßdrücke der Dampfblasenimplosionen direkt zu messen. Die Druckmessungen ergeben nur Mittelwerte. Eine wahre Messung des Einzelvorganges müßte den Druck auf eine sehr kleine Fläche fast trägheitslos auf ein Registrierinstrument übertragen. P. de Haller hat den Versuch solcher Messungen unternommen, auf die im Laufe der Ausführungen nochmals hingewiesen wird.

Die hier beschriebenen Versuche mußten zunächst darauf beschränkt werden, mit möglichst einfachen Hilfsmitteln die Vorgänge der Zerstörungen durch Kavitation näher zu erforschen. Zur Durchführung solcher Versuche war es vor allem notwendig, in der Versuchsstrecke eine Strömung mit entsprechend hoher Geschwindigkeit über lange Versuchszeiten konstant aufrechtzuerhalten. Vorversuche hatten gezeigt, daß die Strömungsgeschwindigkeit für die in Frage kommenden Versuche mindestens 40 m/s betragen sollte. Die Aufrechterhaltung einer dementsprechenden Strömung durch eine Druckpumpenanlage erwies sich als zu kostspielig. Es blieb noch die Möglichkeit offen, die Versuche an einem Platz durchzuführen, wo ein für die Versuche geeignetes natürliches Druckgefälle zur Verfügung stand. Durch das Forschungsinstitut für Wasserbau und Wasserkraft, München, konnte die Genehmigung der Bayernwerk A.G. erhalten werden, am Walchenseekraftwerk die geplanten Versuche in den Sommermonaten durchzuführen.

B. Die Versuchsanlage.

Die Versuchsapparatur wurde an ein Druckrohr des Walchenseekraftwerkes angeschlossen. Der Anschluß geschah an einem Entleerungsstutzen von 60 mm Dmr., der sich vor der Einmündung des Druckrohres in das Maschinenhaus befindet, so daß das ganze Gefälle des Werkes von rd. 200 m für die Versuche ausgenutzt werden konnte. Die von dem Entleerungsstutzen abgezweigte Versuchsleitung führte über einen Absperrschieber und einen Regulierschieber zu einer Beruhigungsstrecke, an die sich die eigentliche Versuchseinrichtung anschloß. Diese bestand aus einer Kavitationskammer, die als Düse mit anschließender Erweiterung (Diffusor) ausgebildet war (s. Abb. 1)[1]). Die Querschnitte von Düse und Diffusor hatten Rechtecksform. Die Kammer konnte durch Abnahme einer als Deckel ausgebildeten Wand geöffnet werden. Die Versuchsausführung geschah

in der Weise, daß Probeplatten aus dem zu untersuchenden Material in eine Wandstelle des Diffusors eingefügt und die Kavitationseinwirkungen an ihnen beobachtet wurden. In der Düse tritt infolge der hohen Durchströmungsgeschwindigkeit (max. 60 m/s) Kavitation ein, und die Hohlraumbildung breitet sich längs der Wände des Diffusors aus. Durch Regulieren des Druckanstiegs im Diffusor mittels eines hinter der Kammer befindlichen weiteren Schiebers wird erreicht, daß der Zusammensturz der Hohlräume auf den auswechselbaren Probeplatten erfolgt. Zur Feststellung der Druckverteilung in der Kammer sind in einer Gehäusewand Druckanbohrungen im Abstand von 1 cm angebracht. Von diesen führen die Druckleitungen über Absperrhähne zu zwei Manometern, die den Überdruck bzw. Unterdruck an den Anbohrungsstellen anzeigen. Für die Versuche war vor allem eine konstante Einstellung der Druckverteilung in der Kavitationskammer notwendig. Die Versuche zeigten, daß dieselbe mit hinreichender Genauigkeit durch die Versuchsanordnung erreicht werden konnte.

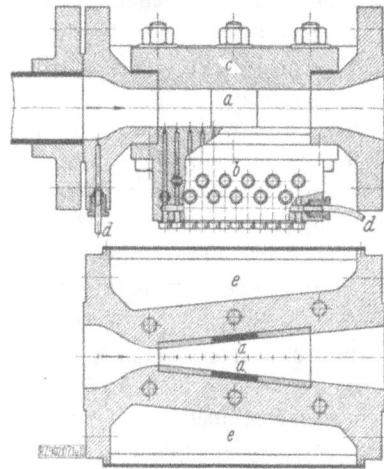

Abb. 1. Die erste Kavitationskammer.
a = einsetzbare Wandplatten aus dem zu untersuchenden Stoff
b = Absperrhähne für die Druckanbohrungen
c = abnehmbarer Deckel
d = Zuführungen zu den Manometern
e = Wassersperrung zum luftdichten Abschluß des Deckels.

Hinter der Kavitationskammer befand sich der erwähnte Schieber zur Regulierung des Gegendruckes. An ihn schloß sich die Abflußleitung an, durch die das Wasser unter Erweiterung des Rohrquerschnittes in einen Entleerungsgraben des Werkes abgeführt wurde. Die zwei Regulierschieber vor und hinter der Kavitationskammer waren mit Umlauf zur Feinregulierung versehen.

Abb. 2. Die Versuchsanlage am Walchenseekraftwerk.

Durch die Anschlußmöglichkeit bedingt, mußte die Versuchsapparatur im Freien unter dem Schutze einer Brücke aufgestellt werden. Die Anlage ist in Abb. 2 gezeigt.

[1]) Näheres über die Kavitationskammer siehe Z. VDI, Bd. 77, Nr. 32 S. 865.

C. Versuche.

I. Beobachtungen über die Entstehung der Kavitationszerstörung[1]).

Die Untersuchungen befaßten sich mit der Beobachtung der Anfressungen und ihrer Fortschritte unter verschiedenen Versuchsbedingungen. Es wurde angenommen, daß der Grad der Anfressung abhängt von:

1. Dauer der Kavitationseinwirkung,
2. Material,
3. Beschaffenheit der Oberfläche des Materials,
4. Versuchsbedingungen,
    a) Formgebung der Kavitationskammer und Strömungsführung innerhalb derselben,
    b) Einzelheiten der Hohlraumausbreitung in der Kammer,
    c) Strömungsgeschwindigkeit,
    d) Wasserbeimengungen fester und gasförmiger Art. (Anm.: Der Einfluß der Wasserbeimengungen wurde vorerst nicht untersucht.)

Für die ersten Versuche lag die bereits beschriebene Form der Kavitationskammer vor. Die Druckverteilung in dem Diffusor wurde bei diesen Versuchen feststehend einreguliert. Es wurden zunächst mehrere Versuchsreihen mit leicht erodierbarem Material (Blei und Bakelit) durchgeführt, an denen die anfänglichen Zerstörungen und ihre Fortschritte bei festgesetzten Wassergeschwindigkeiten beobachtet wurden. Für diese Versuche wurden möglichst homogene Probeplatten mit jeweils gleicher Oberflächenbeschaffenheit verwendet.

Die Lage des Anfressungsgebietes.

Die Beobachtung durch ein Glasfenster zeigte, daß man zur Feststellung des Sitzes der Anfressungen folgende drei Gebiete zu unterscheiden hatte:

1. das Gebiet der Hohlraumbildung,
2. das Zusammensturzgebiet der Hohlräume,
3. das Strömungsgebiet hinter der Hohlraumbildung.

Diese drei Gebiete wurden bei den Versuchen indirekt durch Druckmessungen festgestellt. In dem Bereich der Hohlräume herrschte Unterdruck. Hinter diesem folgte ein Druckanstieg, in dessen Gebiet die Hohlräume zusammenstürzen. Die Messung ergab in Wirklichkeit diesen Druckanstieg nicht so schroff, wie er zu vermuten war, da die Zusammensturzstelle hin und her schwankte und die Manometer im Bereich der Schwankung nur Mittelwerte anzeigten. In dem darauffolgenden Strömungsgebiet des Diffusors verlief die Druckkurve in bekannter Weise flach bis zum Gegendruck ansteigend. Die Beobachtung bei sämtlichen Versuchen ergab, daß die Zerstörungen nur in dem Gebiet des ersten Druckanstieges, d. h. in dem Zusammensturzgebiet der Hohlräume erfolgen. Es wurden auch in keinem Fall Anfressungen innerhalb des Hohlraumgebietes beobachtet. Aus Abb. 3 ist die Lage der Zerstörungsstellen bei drei verschiedenen Hohlraumabmessungen ersichtlich. Die Ausdehnung der Zerstörungsstellen scheint von dem Schwanken des Bereiches abzuhängen, in dem der Verdichtungsstoß erfolgt.

Innerhalb der Hohlräume beobachtete man ein stark fluktuierendes Dampf-Wassergemisch. In diesem Gemisch sowie im Strömungsgebiet hinter der Zusammensturzstelle werden, wie

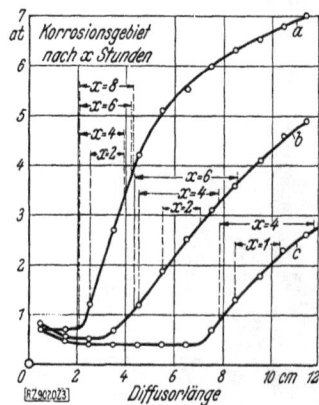

Abb. 3. Druckverteilungskurven mit eingezeichneten Zerstörungsgebieten (Blei).

Wassergeschwindigkeit $v = 44$ m/s.
a bei kleinstem beobachtetem Hohlraum
b bei mittlerem Hohlraum
c bei größtem beobachtetem Hohlraum.

[1]) Die Versuche der Abschnitte I bis III wurden in den Sommermonaten des Jahres 1932, die Versuche der Abschnitte IV und V in den Herbstmonaten der Jahre 1933 und 1934 durchgeführt.

erwähnt, die Wandungen des Diffusors innerhalb der Versuchszeit nicht angegriffen. Bereits aus dieser Tatsache ist zu folgern, daß die Anfressungen nicht ausschließlich auf chemische und elektrolytische Korrosionen bei Berührung des Dampf-Wassergemisches mit den Metallwandungen zurückgeführt werden können, und die Zerstörungsvorgänge nur durch die Einwirkung der Druckstöße im Zusammensturzgebiet ausgelöst werden. Bei den weiter erfolgten Untersuchungen über diese Zerstörungen im Zusammensturzgebiet wurden immer wieder nur mechanische Beschädigungen der Oberfläche wahrgenommen, deren Art im folgenden näher beschrieben ist.

Allgemeine Beobachtungen der Zerstörungserscheinungen und ihrer Fortschritte.

Die Zerstörung wurde einerseits an Platten von chemisch indifferenten Stoffen, die außerdem noch Isolatoren waren, und andererseits an Metallplatten beobachtet. Die Oberfläche der Probeplatten war poliert. Durch die Untersuchung von chemisch und elektrolytisch praktisch kaum angreifbaren Proben sollten die chemischen und elektrolytischen Zerstörungseinflüsse weitgehend ausgeschaltet werden. Der Vergleich der Zerstörungen an diesen Platten mit solchen an chemisch und elektrolytisch angreifbaren Metallproben zeigte jedoch genau den gleichen Zerstörungscharakter.

Die erstgenannten Proben bestanden aus verschiedenen Bakelitsorten, Gummi, Tobax usw. Die Metallproben waren bei den ersten Versuchen aus Blei, Aluminium, Gußeisen, Messing. Der Zerstörungsvorgang trat besonders in dem weichen Blei klar zutage.

Bei der Versuchsausführung wurde, wie aus Abb. 1 hervorgeht, die Probeplatte von der Größe 3×4 cm in eine Wandung des Diffusors eingefügt. Die übrigen Wandungen waren mit Schutzplatten verkleidet. Der Druck im Diffusor wurde so einreguliert, daß der Verdichtungsstoß auf der Probeplatte erfolgte. Die Beobachtung geschah zunächst bei einer Wassergeschwindigkeit von 44 m/s im engsten Querschnitt der Düse.

Die Kavitationskammer war bei den Versuchen luftdicht abgeschlossen (s. Abb. 1).

Zusammenfassendes Ergebnis der Beobachtungen: Bei allen Stoffen zeigten sich zunächst keine Zerstörungserscheinungen. Nach einer bestimmten, von dem Werkstoff abhängigen Versuchsdauer bemerkte man Spuren mechanischer Druckwirkungen auf dem Material, die sich jedoch nur auf mikroskopisch kleine Flächen beschränkten. Die Oberfläche der Probeplatte machte den Eindruck, als ob sie mit einem nadelscharfen Meißel bearbeitet worden wäre. Das zwischen den angegriffenen Oberflächenstellen befindliche Material zeigte sich unter dem Mikroskop völlig unverändert. Zusammenhängende größere Zerstörungsflächen oder gröbere Deformationen waren selbst bei dem weichen Blei nicht feststellbar. Bei fortschreitender Versuchsdauer vermehrte sich die Anzahl der winzigen „angepickten" Oberflächenstellen, bis die ganze Oberfläche im Zerstörungsgebiet diese Bearbeitung erkennen ließ. Darauffolgend setzten sehr schnell an beliebigen Stellen die ersten vereinzelten kraterartigen Vertiefungen unter Gewichtsverlust der Probeplatte ein. Die ersten derartigen Löcher hatten Durchmesser von Größenordnungen 10^{-2} und 10^{-1} mm. Die Abb. 4 bis 6 zeigen solche anfänglichen Lochbildungen bei verschiedenen Probestoffen und lassen auch die Vorbearbeitung der Oberfläche erkennen. An Blei-, Aluminium- und Bronzeproben stellte man öfters eine Überhöhung der Ränder dieser Löcher um einige Hundertstel Millimeter fest. Einen derartigen Krater in einer Bleiplatte zeigt Abb. 7.

Überraschenderweise trat nun während der weiteren Fortsetzung der Kavitationseinwirkung, übereinstimmend bei allen Proben, nur eine langsame Vertiefung der Löcher, aber eine fortschreitende Vermehrung derselben ein, bis angenähert das ganze Zerstörungsgebiet von ihnen überdeckt war. Aus Abb. 8 und 9 ersieht man den geringen Fortschritt der Eintiefungen bis auf max. 2 mm bei verschiedenen Versuchen während dieser Periode. Die Ausmessung der Tiefe der Löcher geschah mit einer feinen Drahtsonde an der Spitze eines für diese Versuche eigens hergestellten Tiefenmessers. Durch Verschieben des Probestückes auf einem mit Maßstäben versehenen Kreuzschlitten konnte auf gleichbleibenden Stellen gemessen werden.

Während der beschriebenen Vorgänge stieg auch der Gewichtsverlust sehr langsam an. Nachdem das ganze Zerstörungsgebiet mit Löchern der beschriebenen Art übersät war, beobachtete man als weiteren Vorgang das Durchbrechen und Einreißen der zwischen den kleinen Löchern gelegenen Wände. Die Löcher gingen nunmehr ineinander über unter Bildung kleiner Mulden von der Größenordnung mm² bis cm². Dieser Übergang ist aus Abb. 10 an einer Aluminiumprobe ersichtlich.

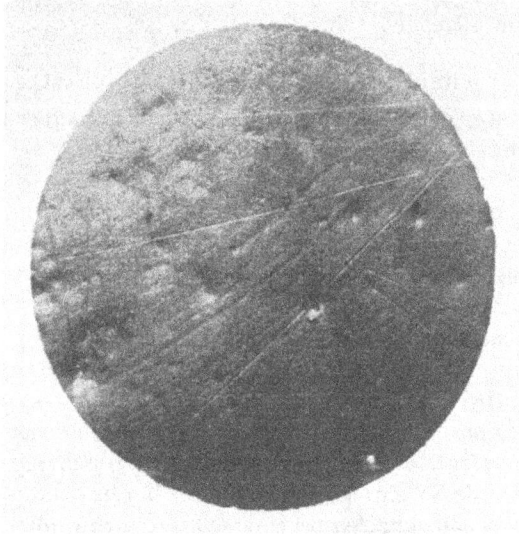

Abb. 4. 1. Zerstörungsloch in Aluminium nach 1 h.
(Vergrößerung 15 : 1.)

Abb. 5. 1. Zerstörungsloch in Blei nach 1³/₄ h.
(Vergrößerung 15 : 1.)

Die Übergänge zu den drei Stadien der Zerstörung

1. Vorbearbeitung,
2. Lochbildung,
3. Muldenbildung

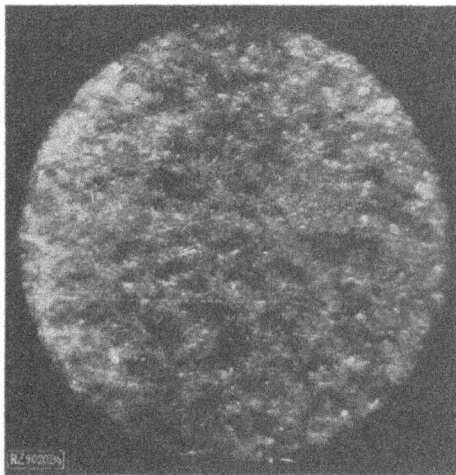

Abb. 6. 1. Zerstörungsanfänge in Walzmessing nach 5 h.
(Vergrößerung 15 : 1.)

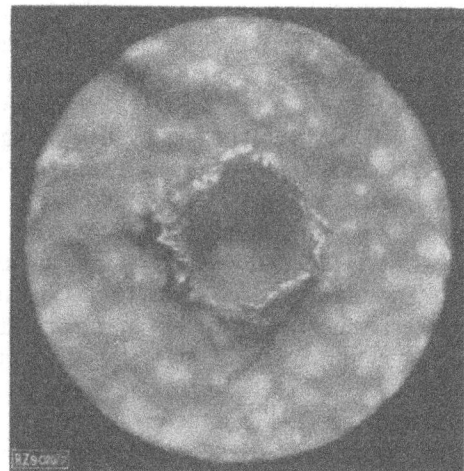

Abb. 7. Zerstörungsloch in Blei nach 1³/₄ h.
(Vergrößerung 40 : 1.)

waren an den Proben aus Blei, Aluminium, Gußeisen deutlich zu unterscheiden. Insbesondere erkannte man sie auch auf der spiegelblanken Oberfläche der chemisch indifferenten Bakelitproben bei Schrägbeleuchtung deutlich. Zuerst sah man eine Bearbeitung der Oberfläche und im Innern der Platte Sprünge infolge der Druckstöße bei bereits ursprünglich vorhandenen Materialspannungen. Die auf diese Vorbearbeitung folgenden feinen Löcher wurden ganz plötzlich innerhalb der polierten Oberfläche nach ungefähr einer Stunde Versuchsdauer sichtbar. Es war wieder charakteristisch, daß nie Zersplitterungen oder aus der allgemeinen Lochgröße herausfallende größere einzelne Verletzungen der Oberfläche in dieser Zeit auftraten. Die Druckstöße müssen infolgedessen in außerordentlich kurzen Stoßzeiten auf sehr kleinen Flächen wirken. Auch während längerer Versuchszeiten bestanden die feinen Löcher nebeneinander und gingen erst nach zahlreicher Vermehrung muldenförmig ineinander über. Man erkannte deutlich, daß die Anfressungen zunächst nicht weiter in die Tiefe, sondern in die Breite gingen.

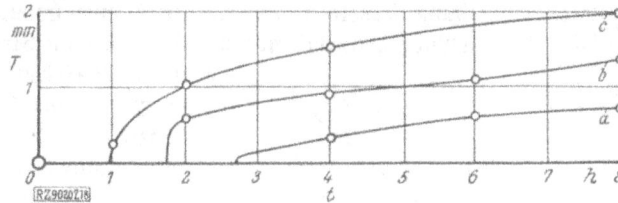

Abb. 8. Verlauf der Tiefenzunahme bei drei Zerstörungslöchern in Blei
$v = 44$ m/s.

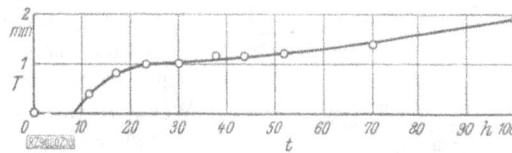

Abb. 9. Verlauf der Tiefenzunahme bei einem Zerstörungsloch in Blei
$v = 30$ m/s.

Nach Abtragung flacher Oberflächenschichten an begrenzten Stellen wurden in den Grund dieser Aushöhlungen neue mikroskopisch feine Löcher eingeschlagen, und das Spiel wiederholte sich von neuem unter schnellerem Eindringen der Zerstörung in die Tiefe.

Der Zerstörungsvorgang konnte bei den durchgeführten Versuchen nur bis zu diesem Stand beobachtet werden. Als Maß des Fortschritts der Zerstörung wurde der Gewichtsverlust bei einzelnen Proben festgestellt. Dieser Gewichtsverlust ist z. B. bei Blei bis zur starken Zerstörung der Platte, bei einer Aluminiumprobe während 140 h, bei einer Gußeisenprobe während 220 h beobachtet. In Abb. 11 sind die Ergebnisse dieser Versuche aufgetragen. Die Gewichtsverlustkurven bestanden in der Regel aus zwei annähernd geraden Linien, die mit einem deutlichen Knick, ungefähr beim Anfang der Muldenbildung, aneinanderstießen. Nach dem Knick verlief die Gewichtsverlustkurve steiler, aber fast geradlinig. Feinere Messungen zeigten zwar, daß die Gewichtsverlustkurve auch ferner eine Reihe kleinerer Knicke aufweist, jedoch ließ sich durch die Meßpunkte angenähert eine Gerade legen. Die erhaltenen Kurven werden erst viel später infolge von gröberen Materialabbröckelungen größere Unstetigkeiten aufweisen. Es wäre besonders wertvoll, solche abgelösten Teilchen aufzufangen und auf ihre Beschaffenheit zu untersuchen. Leider war dies bei der vorhandenen Versuchsapparatur nicht möglich.

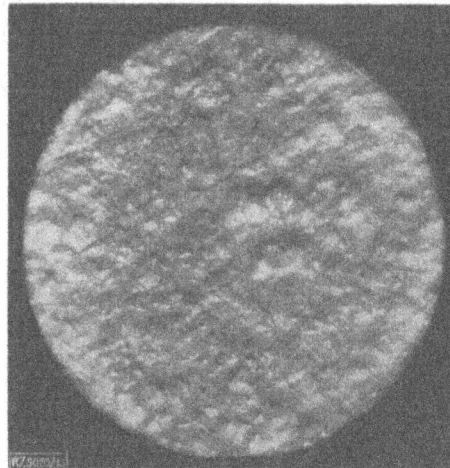

Abb. 10. Übergang von Lochbildung zu Muldenbildung bei Aluminium nach 8 h.
(Vergrößerung 15 : 1.)

Die Kurven der Gewichtsverluste haben Ähnlichkeit mit denen, die von P. de Haller[1] bei seinen Tropfenschlagversuchen gefunden wurden. P. de Haller untersuchte die Anfressungserschei-

---

[1] Siehe Literaturverzeichnis Nr. 7.

nungen an einem Probestab, der mit sehr hoher Geschwindigkeit ($u = 77$ m/s) durch einen Wasserstrahl in dauernder Wiederholung schlug. Es traten bei diesen Versuchen ähnliche mechanische Zerstörungserscheinungen wie bei der Kavitation auf. Solche Zerstörungen durch Wasserschlag werden auch an den Schaufeln der Freistrahlturbinen bei hohem Gefälle beobachtet. Ackeret und de Haller wiesen nach, daß ein zusammenhängender Wasserstrahl, der mit entsprechender Geschwindigkeit auf eine Platte traf, an der Auftreffstelle keine Erosion bewirkte, wohl aber in der weiteren Umgebung derselben, wo der Strahl an vorstehenden Schraubenköpfen zerstäubt wurde. Es ist daher anzunehmen, daß nur die Schläge vom Strahl abgelöster Wasserteilchen solche Zer-

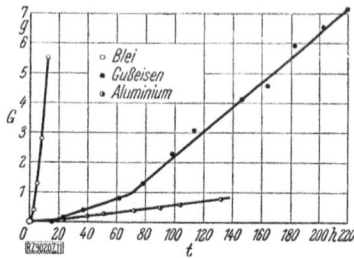

Abb. 11.
Korrosions-Gewichtsverlust G von Blei,
Gußeisen und Aluminium.
Wassergeschwindigkeit $v = 44$ m/s.

störungen bewirken. Die Analogie zu den Kavitationszerstörungen wurde von P. de Haller bereits erwähnt. Auch unsere Versuchsbeobachtungen führen zwangsläufig dazu, daß bei der Kavitationseinwirkung ebenfalls die Anfressungen infolge der Schläge der durch Dampfblasen zerteilten Wassermassen erfolgen, die den kondensierenden Dampfblasen nachstürzen.

Da wenig widerstandsfähige Stoffe, wie z. B. das weiche Blei erst nach einer gewissen, im Vorhergehenden angegebenen Zeitdauer der Kavitationseinwirkung angegriffen werden, läßt sich folgern, daß die auftreffenden Stoßdrücke nicht die hohen Werte (rund 10^3 bis 10^4 kg/cm^2) erreichen, die zu einer Erklärung der Werkstoffzerstörung von widerstandsfesten Stoffen nach den bisherigen Erfahrungen notwendig wären. Auch

P. de Haller gibt auf Grund seiner Messungen als auftretende maximale Stoßdrücke 200 bis 300 kg/cm^2 bei einer Wassergeschwindigkeit in der Versuchsdüse von $v = 100$ m/s an. Die Kavitationsstöße werden in der Praxis im allgemeinen vermutlich nicht einmal diesen Werten nahekommen. Es ist zwar bekannt, daß bei Dauerfestigkeitsversuchen die Dauerfestigkeitsgrenze bei Berieselung der Probestäbe mit Wasser ebenso wie bei Untersuchung der Probestäbe in einer mit Druckwasser oder auch mit Dampf unter hohem Druck gefüllten Ummantelung heruntergesetzt wurde, jedoch nur um einen gewissen Prozentsatz und in keinem Fall auf größenordnungsmäßig derart niedrige Werte. Die aus den experimentellen Kavitationsversuchen sich ergebenden erwähnten theoretischen Annahmen lassen daher den Schluß zu, daß bei den Kavitationsversuchen ein bisher wenig untersuchtes neuartiges Problem der Materialzerstörung aufgetaucht ist, das sich nicht in den Rahmen der bisherigen Vorstellungen über die Dauerfestigkeit der Werkstoffe einfügt.

II. Messungen der Anfangszeiten der Zerstörungen bei verschiedenen Wassergeschwindigkeiten.

Bei den folgenden Versuchen wurden einmal Bakelitproben, das zweitemal Bleiproben verwendet und alle Versuchsbedingungen außer der Strömungsgeschwindigkeit konstant gehalten. Die Einstellung der Strömungsgeschwindigkeit erfolgte durch den vorderen Regulierschieber. Mit dem hinter dem Diffusor angeordneten Schieber konnte wieder wie bisher das Gebiet des steilen Druckanstieges über das zu untersuchende Probestück einreguliert werden. Die Berechnung der Strömungsgeschwindigkeit geschah in bekannter Weise aus dem Druckunterschied vor der Einengung und im engsten Querschnitt.

In Abb. 12 und 13 sind die Versuchsergebnisse aufgetragen. Als Ordinaten sind die Logarithmen der Zeiten bis zum Auftreten der ersten Oberflächenlöcher, als Abszissen die Wassergeschwindigkeiten angegeben. Die Zeit bis zur ersten Lochbildung ist deshalb gewählt, weil die Lochbildung sehr plötzlich und deutlich einsetzte.

Bis zu $v = 34$ m/s nahm sowohl bei Bakelit wie bei Blei die gemessene Zeit nach einem exponentiellen Gesetz ab. Es ist anzunehmen, daß die Wassergeschwindigkeit, unterhalb der die Meßzeit exponentiell abnimmt, von dem Material abhängen wird. Oberhalb dieser Geschwindigkeit blieb die beobachtete Zeit für einen kurzen Geschwindigkeitsbereich unverändert, um bei weiterer Steigerung der Geschwindigkeit sprunghaft abzunehmen. Wenn auch eine Erklärung für die in Abb. 12 und 13 festgestellten Unstetigkeiten vorläufig noch nicht gegeben werden kann,

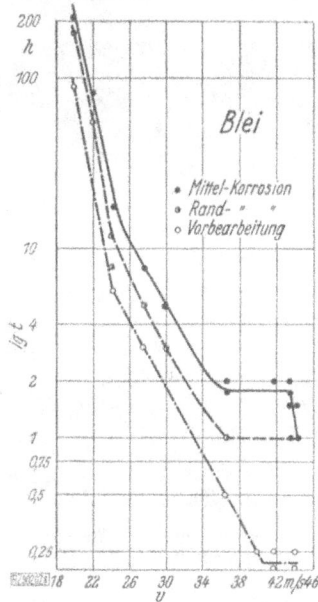

Abb. 12.   Abb. 13.
Die Anfangszeiten der Zerstörungen bei verschiedenen Wassergeschwindigkeiten.

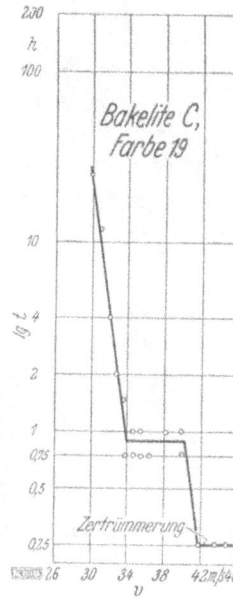

so spricht doch die Tatsache der Abhängigkeit der Zerstörung von der Wassergeschwindigkeit für die mechanische Natur der Werkstoffzerstörung durch die mit der kinetischen Energie des Wassers sich steigernden Druckstöße. In Abb. 12 sind neben der erwähnten Meßzeit noch die Zeiten bis zu der erkennbaren Vorbearbeitung und einer etwas vorzeitiger einsetzenden Zerstörung am Rande der Platten angegeben.

Der Fortschritt der Zerstörung konnte nur in einzelnen Stichproben bei den verschiedenen Wassergeschwindigkeiten verfolgt werden. In Abb. 9 ist die Vertiefung eines Zerstörungsloches bei $v = 30$ m/s innerhalb von 100 h zu ersehen. Ferner zeigt Abb. 14 die Entstehung eines Zerstörungsloches nach 210 h bei $v = 19$ m/s. Es war aus den Beobachtungen zu entnehmen, daß die Zerstörungslöcher bei langsamen Geschwindigkeiten feiner ausgebildet waren und auch wesentlich langsamer sich vergrößerten, so daß man nach den Beobachtungen annehmen darf, daß auch die Fortschritte der Zerstörung sich ähnlich wie die Anfangszeiten verhalten.

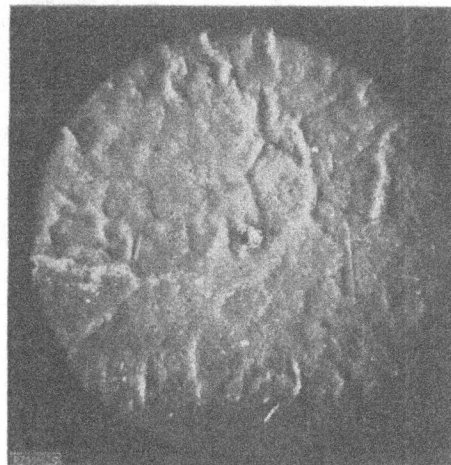

Abb. 14. Zerstörungsloch in Blei nach 210 h bei
$v = 19$ m/s.
(Vergrößerung 15 : 1.)

III. Einige Beobachtungen über das Eindringen der Kavitationszerstörung in künstlich hergestellte Oberflächenvertiefungen.

Bisher sind die Zerstörungsanfänge ohne Berücksichtigung der Oberflächenbeschaffenheit der Probeplatten beschrieben worden. Auf Grund bereits veröffentlichter theoretischer Erwägungen[1]) lag es nahe zu vermuten, daß kleine Rauhigkeiten, vor allem kleine Vertiefungen der Oberfläche, großen Einfluß auf die anfängliche Zerstörung ausüben würden. Nach überschlägigen Rechnungen konnte man erwarten, daß in spitzen Ecken von Oberflächenvertiefungen, ebenso

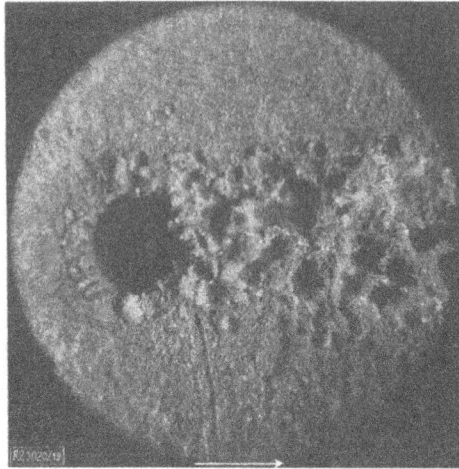

Abb. 15. Zerstörungsschleppe hinter einer Vertiefung. (Vergrößerung 15 : 1.)

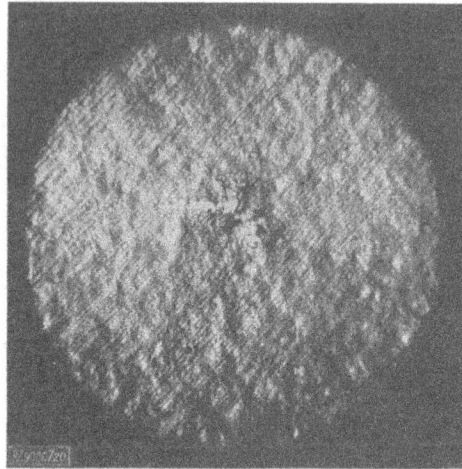

Abb. 16. Durch die Kavitation eingeebnete Vertiefung in Blei. (Vergrößerung 15 : 1.)

wie in der Spitze konisch zugehender Löcher die Druckwirkung der Kavitationsschläge auf das Material eine beträchtlich größere ist und daß an diesen Stellen sich eine beschleunigte Zerstörung bemerkbar macht.

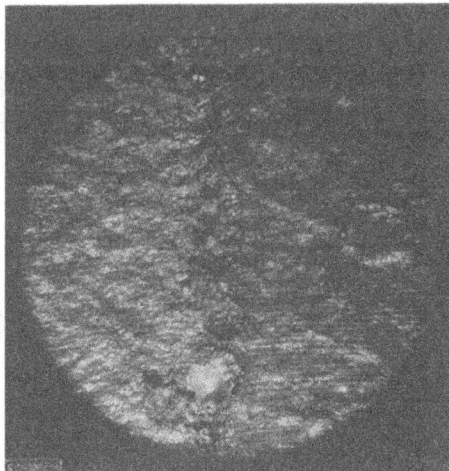

Abb. 17. Durch die Kavitation eingeebnete Rille in Blei. (Vergrößerung 15 : 1.)

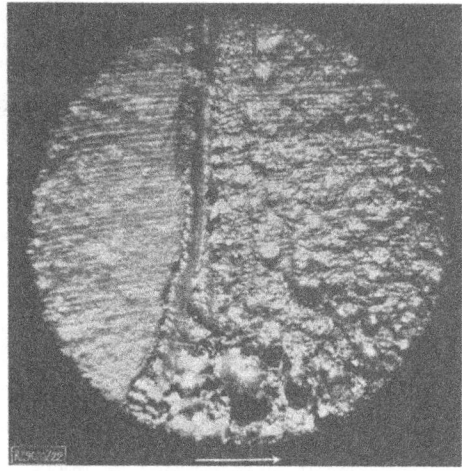

Abb. 18. Zerstörungsschleppe hinter einer Rille. (Vergrößerung 15 : 1.)

Zu dieser Frage sind einige Versuche an Probeplatten aus Blei durchgeführt worden, auf deren polierter Oberfläche kleine Vertiefungen mit einer Nadel eingestochen und eingeritzt wurden.

Mehrfache Versuche ergaben zunächst einen Zerstörungsanfang auf den polierten Bleiplatten ohne Eintiefungen nach 1¾ bis 2 h. Die Wassergeschwindigkeit bei den Versuchen betrug $v = 44$ m/s.

---

[1]) Siehe Hydraulische Probleme 1926.

Der erste Versuch mit künstlich hergestellten Oberflächenvertiefungen wurde mit einer Bleiplatte unternommen, auf deren Oberfläche in gleichen Abständen 12 kleine, konische Löcher (Randdurchmesser = 0,75, Tiefe t = 1,5 mm) eingestochen waren. Nach einer Kavitationseinwirkung von 30 min auf diese Platte erfolgte eine mikroskopische Beobachtung derselben. Auf der üblichen Zerstörungsfläche, ebenso wie im Innern der künstlich hergestellten Löcher, konnten im Allgemeinen noch keine Anfressungen beobachtet werden. Dagegen ließen sich Zerstörungen hinter einigen am Rande des Zerstörungsgebietes gelegenen Löchern feststellen. Nach einer weiteren Einwirkung der Kavitation traten diese kleinen Zerstörungsschleppen hinter den Löchern deutlicher hervor. In Abb. 15 ist eine Mikroaufnahme einer solchen Zerstörungsschleppe nach 1¾ h Kavitationsdauer ersichtlich. Eingehende Beobachtungen zeigten nur am hinteren Rande dieser Löcher Zerstörungserscheinungen, während die Löcher im Innern unversehrt waren. Die übrigen Löcher, außerhalb wie auch innerhalb der normalen Zerstörungsfläche, waren in ihrem Innern überhaupt nicht weiter angefressen. Die in der Mitte des Zerstörungsgebietes liegenden Löcher wurden im Gegenteil zugedrückt und zusammengestampft. Abb. 16 zeigt ein solches völlig zusammengestampftes Loch nach 1¾ h Kavitationsdauer.

Diese Wahrnehmungen wurden durch mehrere Versuche bestätigt. Neben einigen weiteren Versuchen mit Probeplatten, in deren Oberfläche ebenfalls Löcher verschiedener Größe eingestochen wurden, sind einige Probeplatten untersucht worden, in deren Oberfläche Rillen in Strömungsrichtung und senkrecht dazu eingeritzt waren. Die Rillen in Strömungsrichtung wurden durch die Kavitationsschläge lediglich eingestampft, wie die Mikroaufnahme in Abb. 17 zeigt, während auf die zur Strömungsrichtung senkrechten Rillen im Randgebiet der normalen Zerstörungsfläche heftige Zerstörungen folgten. Die aus Abb. 18 zu ersehende Mikroaufnahme der Zerstörungen hinter einer solchen Rille zeigt auch deutlich, wie innerhalb der Rille selbst keine weitere Eintiefung durch die Kavitationseinwirkung stattgefunden hat.

Auch Beobachtungen der Kavitationseinwirkung an anderen, auf die Oberfläche eingeritzten Gebilden von beliebiger Form ergaben stets das gleiche Resultat, daß in den Vertiefungen der Oberfläche keine beschleunigte Kavitationszerstörung auftrat. Dagegen wurden oft beschleunigte Zerstörungen hinter den Vertiefungen wahrgenommen. Diese Tatsache läßt sich nur unter der Annahme erklären, daß die Vertiefungen Ausgangspunkte neuer kleiner Kavitationsgebiete sind. Das Ergebnis dieser Versuche war somit, daß keine beschleunigten Zerstörungsangriffe infolge erhöhter Druckwirkungen in diesen untersuchten Oberflächenvertiefungen nachgewiesen werden konnten.

IV. Beobachtungen über die Abhängigkeit der Zerstörung von der Größe und Lage des Kavitationsgebietes und Beschreibung einer auf Grund der Beobachtungen entwickelten neuen Kavitationskammer.

a) Versuche mit veränderter Länge des Hohlraumgebietes.

Durch Änderung des Gegendruckes konnte die Lage des Druckanstieges im Diffusor und damit die Länge des Hohlraumes unter sonst gleichen Versuchsbedingungen geändert werden. Diese Messungen ergaben, daß mit zunehmender Ausdehnung des Hohlraumgebietes die Zeiten bis zum Anfang der Zerstörung abnahmen, die beobachtbaren Zerstörungslöcher gröber wurden und die Gewichtsverluste der Probeplatten innerhalb festgesetzter Zeiten zunahmen. Abb. 19 zeigt als Beispiel die Gewichtsverluste von Bleiplatten bei den drei vorgenommenen Druckeinstellungen, die in Abb. 3 angegeben sind.

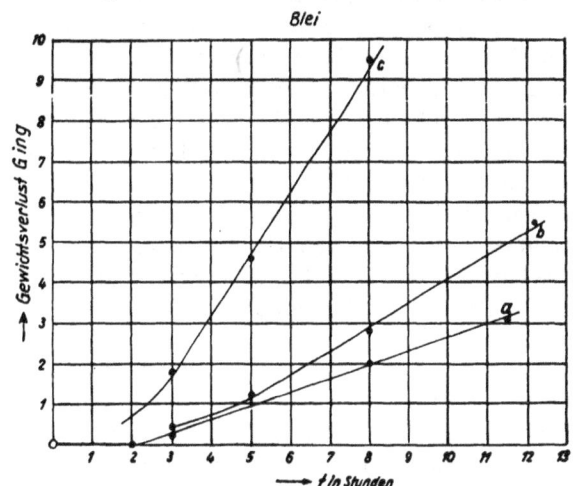

Abb. 19. Gewichtsverlust von Blei bei drei verschiedenen Hohlraumlängen.

b) Versuche mit verändertem Diffusorwinkel.

Wurde der Diffusorwinkel durch eingefügte Backen verkleinert, so zeigen die Zerstörungen innerhalb konstanter Zeiten mit Verkleinerung des Winkels eine Abnahme, wenn auch nicht so stark wie bei den Längenänderungen des Hohlraumgebietes.

c) Versuche zur Beschleunigung des Zerstörungsvorganges durch Änderung der Formgebung der Kavitationskammer.

Aus den vorangegangenen Versuchen ergab sich, daß durch geeignete Formgebung der Kavitationskammer der Zerstörungsangriff bei gleichbleibender Wassergeschwindigkeit erhöht werden kann. Für die wirtschaftliche Durchführung von Materialuntersuchungen war es von größter Bedeutung, eine Kavitationskammer zu schaffen, in der die sonst vielfach erst in langen Zeiträumen sich einstellenden Anfressungen in kürzester Zeit erzielbar waren.

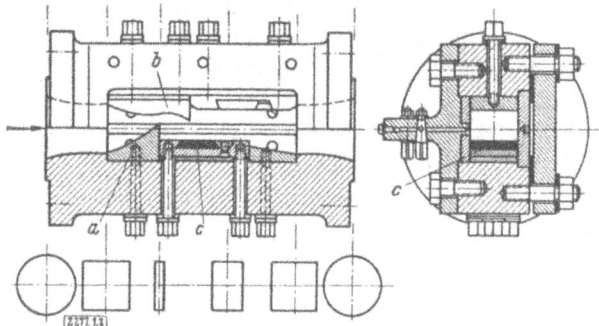

Abb. 20. Neue Versuchsdüse mit eingesetztem Wehr und Gegenwehr.
Unten sind die an den betreffenden Stellen vorhandenen senkrechten Querschnitte der Düse angegeben.
a Wehr   *b* Gegenwehr   *c* Probeplatte.

Für die Ausgestaltung dieser Kavitationskammer sind von O. Walchner und dem Verfasser Versuche im Institut für angewandte Mechanik in Göttingen durchgeführt worden. Die zu erprobenden Formen der Kavitationsdüse und des anschließenden Diffusors wurden in Form von Backen in eine vorhandene, kleinere Kavitationskammer eingesetzt und untersucht[1]).

Die entwickelte endgültige Form der Versuchskammer, die auf Vorschläge von O. Walchner zurückgeht und die die gestellten Erwartungen erfüllte, ist in Abb. 20 gezeigt.

Die Kavitation beginnt im engsten Querschnitt der Düsenkammer an der scharfen Wehrkante. Durch diese Festlegung des Kavitationsbeginnes wird die Zerstörung auf einen Streifen von ungefähr gleichbleibender Breite der hinter dem Wehr befindlichen Probeplatte beschränkt.

Durch eine als Gegenwehr ausgebildete Strahlführung wurde die Strömung der Zerstörungsstelle zugelenkt und dadurch eine erhebliche Beschleunigung der Zerstörung erreicht, so daß Probeplatten aus Blei bei gleicher Strömungsgeschwindigkeit in $1/_{10}$ der früher nötigen Zeit Anfressungen derselben Stärke erlitten.

Aus den Versuchen ergab sich die außerordentlich starke Abhängigkeit der Zerstörung von der Form der Versuchskammer und von der Richtung der Strömung in der Nähe der Zerstörungsstelle. Zur Ermittlung der in Abb. 20 angegebenen günstigsten Form von Wehr und Gegenwehr sind eine große Reihe von Versuchen gemacht worden, bei denen auch statt der Wehre zylindrische Störungskörper eingesetzt waren. Die Abmessungen aller Einbauten wurden mehrfach verändert. Bereits bei kleinen Änderungen der untersuchten Einbauten traten oft schon sprunghafte Änderungen der Zerstörungszeiten auf. Da es bei diesen Versuchen nur darauf ankam, eine Versuchskammer mit möglichster Beschleunigung der Zerstörung zu finden, wurde davon abgesehen, die gesetzmäßige Abhängigkeit der Zerstörung von der Form der Kammer näher zu untersuchen.

Eine in eine Seitenwand der Kammer eingesetzte Glasplatte ermöglichte die Beobachtung der Kavitationserscheinungen. Es war ein von der Wehrkante mit hoher Geschwindigkeit abströmender, sich verbreiternder Schaumstreifen wahrnehmbar, der durch das Gegenwehr auf jene Stelle der Probeplatte gelenkt wurde, an der später die Zerstörungserscheinungen auftraten. Die Turbulenz der Strömung innerhalb und am Rande des Schaumstreifens war überaus heftig. Unmittelbar nach dem Auftreffen auf die Platte endigte dieser Schaumstreifen. Es konnte sich bei

---

[1]) Eine Beschreibung der Versuchsanlage s. Z. VDI Nr. 21/1932.

dieser Erscheinung offensichtlich nur um ein durch die Kavitation entstandenes Dampf-Wassergemisch handeln. In die beim Auftreffen des Gemischstrahles auf die Probeplatte sich abspielenden Vorgänge konnte kein Einblick gewonnen werden. Ob am Zustandekommen der die Materialzerstörung bewirkenden Druckschläge nur die im Dampf-Wassergemisch befindlichen Wasserteilchen oder auch die angrenzenden Wassermassen sich beteiligen, war nicht feststellbar. Auch Zeitlupenaufnahmen hätten hierüber keinen Aufschluß geben können, wie aus den Erfahrungen hervorgeht, die z. B. H. Mueller[1]) mit Aufnahmefolgen von $1/_{2400}$ s Dauer bei ähnlichen Kavitationsvorgängen machte.

Bei den in diesem Abschnitt unter a) und b) beschriebenen Versuchen war festgestellt, daß mit zunehmender Länge und Verbreiterung des Schaumstreifens die Werkstoffzerstörungen eine Beschleunigung und Verstärkung erfahren. Bei der beobachteten Zunahme der Zerstörung handelte es sich nicht nur um eine Verbreiterung der Zerstörungsfläche, sondern auch, wie erwähnt, um ein beschleunigtes Eindringen der Zerstörung in die Materialoberfläche infolge des Auftretens größerer Zerstörungslöcher.

Diese Tatsache läßt sich vielleicht damit deuten, daß durch zunehmende Ausbreitung des Schaumstreifens immer größere Wassermassen in Dampf und Wasser zerlegt und durch die Strömung mit hoher Geschwindigkeit der Oberfläche der Probeplatte zugeführt werden. Mit zunehmenden Abmessungen dieses Kavitationsgebietes haben auch die Dampfblasen mehr Zeit zu ihrer Entwicklung und Vergrößerung. Aus diesen beiden Tatsachen ergibt sich eine vollständig andere Verteilung von Dampf und Wasser bei verschiedenen Abmessungen des Hohlraumgebietes. Man kann mit aller Wahrscheinlichkeit folgern, daß die beobachteten Unterschiede in der Zerstörung auf Grund einer unterschiedlichen Größe und Verteilung der in dem strömenden Gemisch befindlichen Bestandteile von Wasser und Dampf zustande kommen.

Die Versuche mit verschiedenen Gegenwehren in der neuen Kavitationskammer zeigten ferner, daß die Zerstörung sehr stark von dem Auftreffwinkel des Gemischstrahles auf die Probeplatte abhing. Auf Grund dieser Beobachtung bestärkt sich die Annahme, daß bei dem Zusammensturz der Dampfblasen die Wassermassen nicht konzentrisch nachstürzen, sondern daß nach der Kondensation auf die Zusammensturzstelle der ungedämpfte Stoß der auf jede Blase mit hoher Strömungsgeschwindigkeit folgenden Wassermasse des Dampf-Wassergemisches erfolgt. Aus dem sehr leisen zischenden Geräusch, das an der Zerstörungsstelle auftritt, kann man schließen, daß diese Wasserteilchen nur sehr feine Tropfengröße, entsprechend auch den kleinen Abmessungen der Zerstörungslöcher, haben. Die sehr heftigen, zu Erschütterung der ganzen Apparatur führenden Schläge größerer Wassermassen wurden an anderen Stellen der Kammer durch Abhören von außen wahrgenommen.

P. de Haller hat mit einer piezoelektrischen Zelle an der Zerstörungsstelle die auf einen Kolben von 1,5 mm Dmr. erfolgenden Druckstöße gemessen. Die Messung geschah in einer Kavitationsdüse bei einer Wassergeschwindigkeit von $v = 100$ m/s. Mit einem an die Zelle angeschlossenen Kathodenstrahloszillographen hat er Druckspitzen von 160 kg/cm² bei einer Frequenz der Stöße von 20000 bis 25000 Hertz registriert. Ab und zu wurde ein noch etwas höherer Druckstoß bis 300 kg/cm² wahrgenommen. Für die Errechnung solcher Druckwerte genügt die Annahme einer mit der Strömungsgeschwindigkeit unelastisch auf das Material auftreffenden Wassermasse. Jedoch zwingt die winzige Kleinheit der Zerstörungsfläche, die weit unter den Abmessungen des Kolbens liegt, zu einiger Vorsicht bezüglich der wirklichen Größe der Druckstöße. Die Frage, ob Drücke von der genannten Größenordnung bereits eine hinreichende Erklärung für die Werkstoffzerstörung bieten, könnte erst entschieden werden, wenn es gelänge, die Dauerfestigkeit der angegriffenen, sehr dünnen Oberflächenschicht der Werkstoffe an jeder Stelle direkt zu messen. Dieselbe muß niedriger liegen als die in der Technik bekannten Dauerfestigkeitszahlen; denn es werden zuerst nur an einzelnen Stellen mikroskopisch kleine Schichten nacheinander von der

[1]) H. Mueller, Kinematographische Aufnahmen der Kavitation an einem Tragflügel. „Hydromechanische Probleme des Schiffsantriebs" 1932.

Oberfläche abgetragen. Die Schwierigkeit unmittelbarer Messungen der Dauerfestigkeit dieser Oberflächenelemente führte dazu, die Versuche über die Widerstandsfähigkeit der Werkstoffe bei Kavitation als relative Vergleichsmessungen durchzuführen.

V. Untersuchung technischer Werkstoffe in der Kavitationskammer.

a) Stahlproben.

Die Firma Friedrich Krupp, Essen, stellte für die Versuche eine Reihe von polierten Probeplatten aus hochwertigen legierten Stählen zur Verfügung. Die Untersuchung dieser Proben geschah am Walchenseekraftwerk in der im vorigen Abschnitt beschriebenen neuen Kavitationskammer. Bei den Versuchen betrug die Wassergeschwindigkeit im engsten Querschnitt der Düse 60 m/s. Der Druckanstieg in der Kammer war wieder so einreguliert, daß er über dem Probestück zu liegen kam.

Bei der ersten Versuchsreihe wurde ein Vergleich der Widerstandsfähigkeit der Proben nach einer Kavitationseinwirkung von 44 h gezogen. Als Maß des Anfressungsgrades ist der Gewichtsverlust der Proben mittels einer Analysenwaage bis auf mg ermittelt. Aus dem Gewichtsverlust wurde auch der Volumenverlust der Proben errechnet, der umgekehrt proportional der Widerstandsfähigkeit der Proben ist.

In Abb. 21 sind als Ergebnis der Messungen die Gewichtsverluste der Proben in Abhängigkeit von ihrer Brinellhärte aufgetragen. Da der Gewichtsverlust mit steigender Brinellhärte sehr stark abnahm, ist die logarithmische Auftragung gewählt. Zu den Gewichtsverlusten sind in Zahlentafel 1 die Volumenverluste angegeben.

Zahlentafel 1.

Volumenverlust von Kruppstählen nach 44 Stunden Kavitationseinwirkung.

(Messungen aus dem Jahre 1933.)

Art der Probe	Volumenverlust in mm³
Stahlformguß	63
Hartstahl	28
HB 6597 geglüht	27
Spezialnitrierstahl	25
VM geglüht	22
Nirostaguß	17
HB 6597 zementiert	12
VM gehärtet	8
HB 6597 gehärtet	6
V 2 A geschmiedet	6
WF 100 geschmiedet	5
F 1548 gehärtet	4

Die Versuchsergebnisse ließen sich in keiner Weise mit der rein chemischen Zusammensetzung der Stähle in systematischen Zusammenhang bringen, sondern es ergab sich, daß die Anfressungen nur von den mechanischen Festigkeitseigenschaften der Stoffe abhingen. Als Beispiel für den verschwindenden Einfluß der chemischen Zusammensetzung sei erwähnt, daß rostende und nichtrostende Stähle, deren Zusammensetzung und Verhalten gegenüber chemischen Einflüssen sich stark unterschieden, bei gleicher Härte und mechanischer Vorbehandlung auch gleiche Zerstörungsangriffe zeigten.

Die einzig sinnvolle Zusammenfassung der Meßpunkte ergab die drei in Abb. 21 eingezeichneten Linien für geschmiedete, gehärtete und gegossene Stähle. Auf Grund dieser Linien ergibt sich die Zerstörung, abhängig von der Brinellhärte und der mechanischen Vorbehandlung der Stoffe. Bei Stählen gleicher Vorbehandlung nahm die Zerstörung annähernd umgekehrt mit dem Quadrat der Brinellhärte zu. Aus der Abb. 21 ersieht man die besonders auffallende Widerstandsfähigkeit der geschmiedeten Stähle.

In Abb. 21 fällt der Punkt 9 aus der Meßreihe sehr heraus. Es handelt sich bei diesem Meßpunkt um den Gewichtsverlust eines Sondernitrierstahles, bei dem mikroskopisch nachweisbar die gehärtete Oberflächenschicht größtenteils abgeblättert war. Aus dieser Tatsache heraus läßt sich der größere Gewichtsverlust der Probe erklären. Es sei an dieser Stelle darauf hingewiesen,

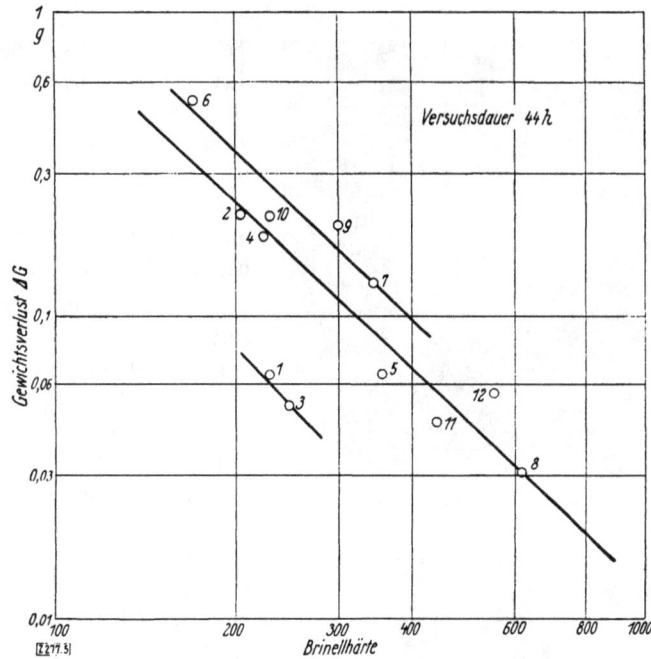

Abb. 21. Gewichtsverlust verschiedener Krupp-Stähle bei Kavitation, $v = 60$ m/s, abhängig von der Brinellhärte. Doppelt logarithmisches Netz.

1. V 2 A geschmiedet
2. Hartstahl
3. WF 100 geschmiedet
4. VM geglüht
5. VM gehärtet in Öl (950⁰)
6. Stahlformguß geglüht
7. Nirostaguß
8. F 1548 gehärtet in Öl (930⁰)
9. Sondernitrierstahl
10. HB 6597 geglüht
11. HB 6597 zementiert
12. HB 6597 gehärtet in Öl (880⁰)

Die in gleicher Weise vorbehandelten Stähle sind durch Linien verbunden.

daß bei den Tropfenschlagversuchen von P. de Haller der nitrierte Stahl einen sehr niedrigen Gewichtsverlust aufwies, und daher besonders widerstandsfest war. Es konnte auf Grund des einen am Walchenseewerk durchgeführten Versuches jedoch nicht entschieden werden, ob dieser Unterschied der Beobachtungsresultate von einer Verschiedenheit der Beanspruchungen des Werkstoffes oder von Materialunterschieden herrührte.

Der mit dieser Versuchsreihe begonnene Vergleich von technischen Baustoffen wurde später auf technisch verwendete Bronzen ausgedehnt. In der Zwischenzeit sind nach dem ersten Vergleich der Anfressungen an Proben aus V 2 A-Stahl und Schiffspropellerbronze zunächst die im folgenden beschriebenen metallographischen Untersuchungen an einer Reihe von Sonder-

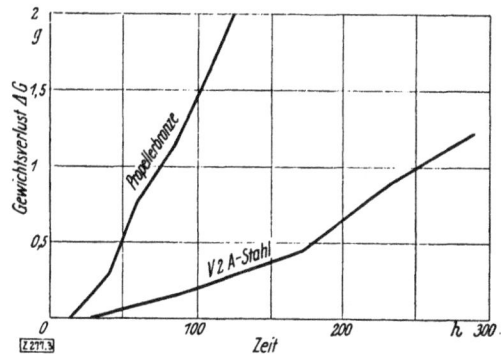

Abb. 22. Gewichtsverlust zweier Probestücke aus Propellerbronze und aus V 2 A-Stahl, abhängig von der Dauer der Kavitation.

bronzen durchgeführt worden. In Abb. 22 ist die Gewichtsverlustkurve eines V 2 A-Stahles und einer Propellerbronze angegeben[1]).

b) Bronzeproben.

х) Metallographische Versuche: Zunächst sind Beobachtungen über die ersten Zerstörungsangriffe an Bronzeproben gemacht und durch metallographische Untersuchungen ergänzt worden. Die Proben, die zum größten Teil aus Schiffspropellerbronzen bestanden, wurden von verschiedenen Firmen zur Verfügung gestellt. Ihre Oberflächen waren geschliffen oder poliert, zum Teil hochglanzpoliert. Der Zerstörungsangriff auf das Gefüge trat bei den hochglanzpolierten Proben unter dem Mikroskop bereits ohne Nachpolitur hervor.

Die Proben wurden der Kavitationseinwirkung bei der Wassergeschwindigkeit von $v = 60$ m/s ausgesetzt. Nach einigen Sekunden Versuchsdauer in der neuen, bereits für die Stahluntersuchungen benutzten Kavitationskammer waren schon mit dem Auge die früher beschriebenen Druckspuren der Kavitationsschläge auf der Oberfläche zu erkennen. Besonders deutlich traten diese an den hochglanzpolierten Oberflächen hervor. Die Angriffe zeigten sich bei diesen in stärkerem Maß als bei den geschliffenen Flächen. Die Druckstellen waren auf Flächen kleinsten mikroskopischen Ausmaßes beschränkt, die nach mikroskopischer Ausmessung ungefähr die Größenordnung 10^{-4} mm² hatten. Die in den folgenden Stunden beobachtete Einwirkung der Kavitation führte zu keiner wesentlichen Veränderung des ersten sichtbaren Zerstörungsbildes. Die Druckstellen vermehrten sich lediglich und überlagerten sich teilweise. Es erfolgte kein merklicher Materialverlust. Es ließ sich jedoch mit dem Tiefentaster feststellen, daß sich die Oberfläche in örtlich festliegenden Punkten im Lauf der Stunden um einige Hundertstel Millimeter hob und senkte. Am Anfang wurden auch kleine Hebungen festgestellt. Die Wirkung der Kavitationsstöße reichte also aus, um sofort kleine Eindrücke, teilweise mit ganz feinem aus der Oberfläche hervorstehendem Grat, auf der Materialoberfläche hervorzurufen, jedoch nicht um die Zerstörung in das Gefüge der Oberfläche innerhalb kurzer Zeit eindringen zu lassen. Kleine, mikroskopisch feine Löcher wurden erst nach einer Kavitationseinwirkung von 5 bis 10 h, je nach der Beschaffenheit der Proben, unter dem Mikroskop beobachtet. Diese Löcher traten

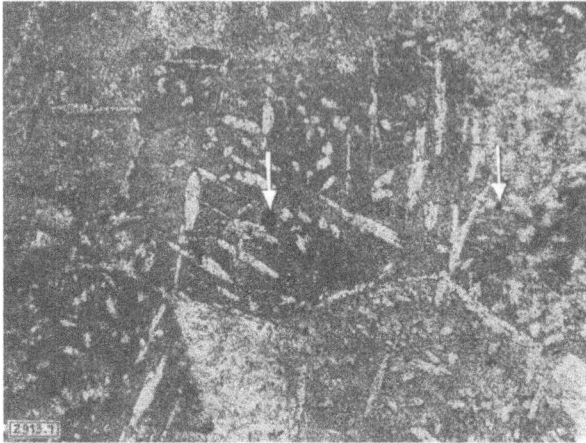

Abb. 23. Vergrößerung 50fach, Wiedergabe davon ⁹⁄₁₀.

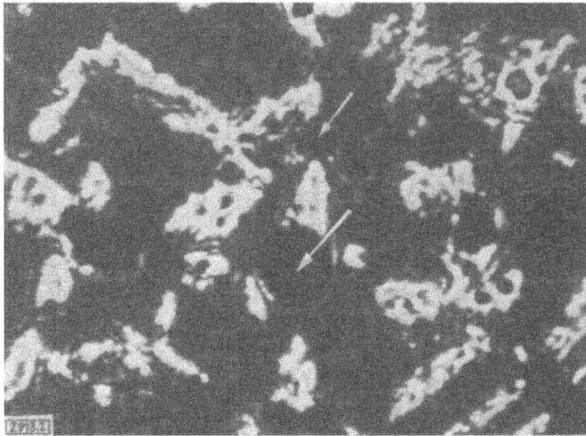

Abb. 24. Vergrößerung 150fach, Wiedergabe davon ⁹⁄₁₀.
Geätzte Oberflächenschliffe zweier Propellerbronzen nach kurzer Kavitationseinwirkung. Die dunklen Löcher (einige davon durch Pfeile gekennzeichnet) sind durch die Vorgänge bei dem Zusammensturz der Dampfblasen entstanden.

---

[1]) Die Untersuchungen wurden bis hierher im Rahmen der Arbeiten des Kaiser-Wilhelm-Instituts für Strömungsforschung durchgeführt. Die Fortführung der Versuche übernahm nunmehr das Forschungsinstitut für Wasserbau und Wasserkraft.

plötzlich auf und waren ungefähr gleich groß wie die vorher entstandenen Druckspuren. Kurz darauf war bereits der beginnende Gewichtsverlust feststellbar. Die Oberflächenverletzungen wurden zuerst an ganz vereinzelten Stellen beobachtet, vermehrten sich aber außerordentlich rasch in kürzester Zeit.

Während dieses Abschnittes der beginnenden Zerstörung sind die metallographischen Beobachtungen vorgenommen worden.

Diese Untersuchung der Proben konnte in dem metallographischen Laboratorium der Firma Friedrich Deckel in München vorgenommen werden. Die Untersuchungen an verschiedenen Proben ergaben immer wieder dasselbe Bild der ersten Zerstörungen des Kristallgefüges (s. Abb. 23 und 24). Es sei kurz zusammengefaßt hiermit beschrieben:

Ohne Ausnahme zeigte sich, daß die anfänglichen Oberflächenzerstörungen an ganz beliebigen, von der Struktur des Materials nicht bedingten Stellen auftraten. Es waren kleine Löcher, die intrakristallin im Gefüge verstreut lagen. Ihre Abmessungen waren am Anfang teilweise kleiner als die der durch Ätzung sichtbar gemachten Gefügekristalle. Man konnte auf den Kristallflächen kleine, meistens kreisförmig begrenzte Löcher wahrnehmen. Gleichzeitig wurden auch etwas größere Zerstörungslöcher beobachtet, die an beliebigen Stellen zwischen den Kristallen lagen.

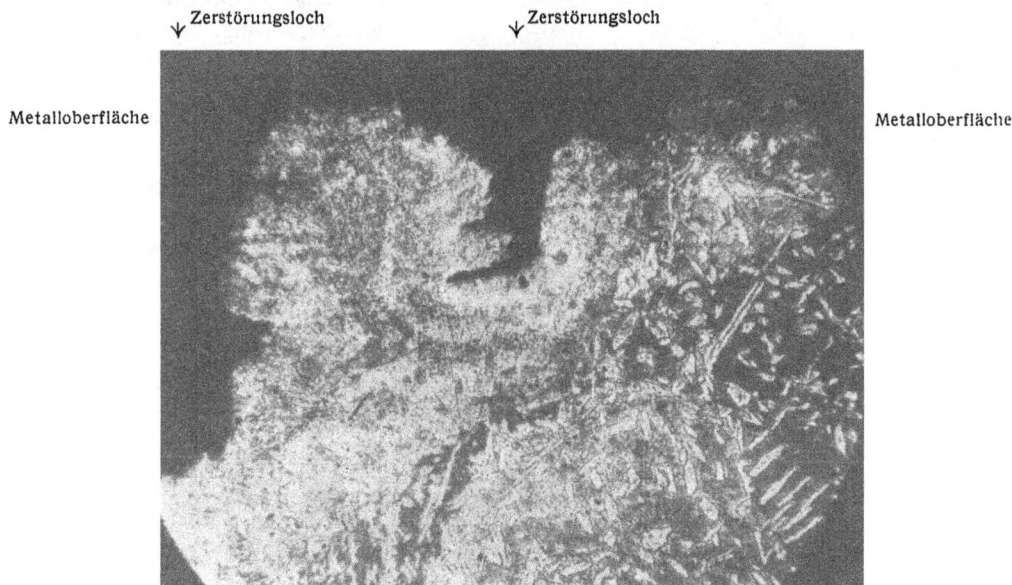

Abb. 25. Geätzter Schliff eines Schnittes durch eine Propellerbronze. Beginn der Gefügezertrümmerung. (Vergrößerung 50 : 1.)

An den Rändern dieser Löcher waren Bruchstücke der verschiedenen Kristalle stehengeblieben. Irgendeine bevorzugte Zerstörung einer Kristallart des Gefüges konnte bisher nicht beobachtet werden. Eingehende Beobachtungen zeigten vor allem, daß ein bevorzugter Angriff in den Korngrenzen nirgends auftrat. Die Umgebung der Zerstörungsstellen blieb unversehrt. Gefügeänderungen oder Haarrisse konnten weder neben den Löchern noch an anderen Stellen wahrgenommen werden.

Erst während einer bedeutend längeren Zeit der Kavitationseinwirkung änderte sich das mikroskopische Zerstörungsbild. Die Kristallstruktur verschwand allmählich in der Umgebung der Zerstörungslöcher und in einer Oberflächenschicht von mikroskopischer Tiefe unterhalb der Zerstörungslöcher. Dieses Zerstoßen und Zermürben der Gefügekristalle an der Oberfläche infolge der dauernden Druckwirkungen ist in Abb. 25 deutlich ersichtlich. Die Aufnahme zeigt einen Schnitt senkrecht zur Oberfläche. Die Zerstörungslöcher sind eng nebeneinander in eine amorph aussehende Materialmasse eingebettet. Innerhalb der Löcher wurden tiefe Kanäle in diese amorphe Materialschicht getrieben, die zu der Unterhöhlung und letzten Endes Abtrennung der Zwischenwände der einzelnen Löcher führen. Bei diesen Vorgängen blieben oft geripeartige Gebilde übrig, die ebenfalls nicht aus irgendeiner Kristallart, sondern nur aus einem unbestimmbaren Gemisch von Kristalltrümmern bestanden.

Bei noch weitergehender Zerstörung traten auch Ermüdungsrisse und Brüche im Material auf. In Abb. 26 ist ein solcher durchgehender Riß, der sich infolge von Materialermüdung gebildet haben muß, zu sehen. Er verläuft unterhalb der Zerstörungslöcher ungefähr an der Grenze zwischen zerstörter und unzerstörter Gefügestruktur und führt zu der Abtrennung eines kleinen Gefügeblockes.

Bei weiterer Dauer der Kavitationseinwirkung kann man mikroskopisch nur noch ein einziges Trichter- und Trümmerfeld ohne jede Struktur und irgendwelche interessanten Aufschlüsse feststellen.

Das aufgezeigte Bild der Zerstörungsanfänge ist das Bild einer rein mechanischen Zerstörung. Wir dürfen deshalb annehmen, daß eine Mitbeteiligung chemischer und elektrolytischer Korrosionen am Anfang der Zerstörung von ganz verschwindendem Einfluß ist. Die ersten Zerstörungsstellen zeigen ein glänzendes,

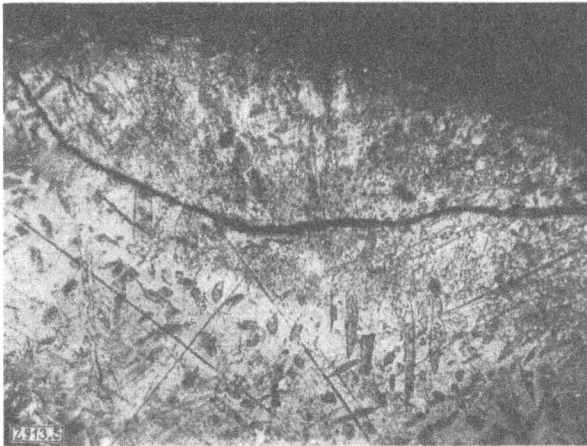

Abb. 26. Geätzter Schliff eines Schnittes durch eine Propellerbronze. Rißbildung innerhalb des Werkstoffes. (Vergrößerung 50:1.)

metallisches Aussehen, das sich eine lange Zeit ohne Oxydation erhielt.

Die üblichen, bedeutend langsamer verlaufenden chemischen und elektrolytischen Korrosionen, die natürlich nicht auszuschalten waren, machten sich nach einiger Zeit nur in Verfärbungen, in ganz vereinzelten Fällen in leichten Ätzungen der Oberfläche, bemerkbar, die später stärker, vor allem im unversehrten Randgebiet der Zerstörungsfläche hervortraten. Siehe folgende Zahlentafel.

Verfärbungen von Bronzen nach 15 stündiger Kavitationseinwirkung bei $v = 60$ m/s.

Art der Probe	Verfärbung in der Erosionszone	Verfärbung in einer schmalen Randzone der Erosion	Verfärbung im Hohlraumgebiet
Nr. 1 Manganbronze . .	Dunkel-Ocker	Stahlblau-Grün-Goldorange	Goldorange-Hell-Ocker
„ 3 Manganbronze . .	„	Blauviolett	Goldocker
„ 4 Aluminiumbronze	„	Blaugrün	
„ 10 Aluminiumbronze	„	Keine ausgeprägte Verfärbung	
„ 8 Nickelbronze . .	„	Blaugrün	Ocker-Orange-Ocker
			Punktweise: Stahlblau
„ 9 Nickelbronze . .	—	Blauviolett	Rotviolett
	Bronzen von Krupp		
Rg. 10 Rotguß	—	Kleiner violetter Schimmer	—
D.B. 10 ⎫	—	—	—
D.B. 12 ⎪ keine Ver-	—	—	—
D.B. 16 ⎬ färbungen	—	—	—
D.B. 135 ⎪	—	—	—
Corrix ⎭	—	—	—

Auf Grund dieser Beobachtungen ist anzunehmen, daß die im jahrelangen praktischen Betrieb, vor allem bei Schiffspropellern, sich störend bemerkbar machenden chemischen und elektrolytischen Korrosionen in den Kavitationszonen eine Beschleunigung und Verstärkung erfahren. Jedoch steht die Geschwindigkeit dieser, wenn auch verstärkten Korrosionen, in gar keinem Verhältnis zu der viel schneller verlaufenden mechanischen Erosion.

β) Vergleichsmessungen. Eine ausgewählte Reihe von Bronzeproben wurde in der Kavitationskammer untersucht und die Volumenverluste derselben während einer festgesetzten Versuchsdauer miteinander verglichen. In Zahlentafel 2 sind die Volumenverluste einiger dieser Bronzen nach 15stündiger, in Zahlentafel 3 nach 44stündiger Versuchszeit angegeben. (Abb. 27 bis 30 zeigen Abbildungen von zerstörten Proben der Zahlentafel 3.)

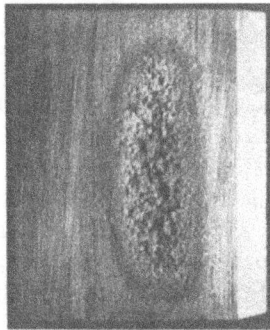

Abb. 27. Manganbronze 3.

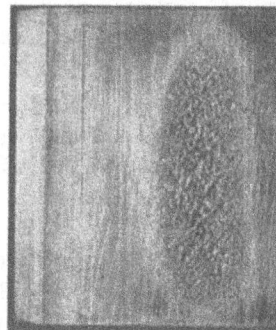

Abb. 28. Aluminiumbronze 11.

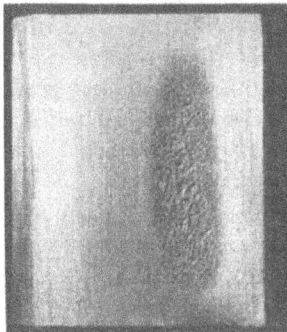

Abb. 29. Corrixbronze.

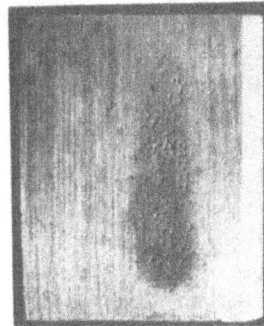

Abb. 30. DB 16.

Abb. 27 — 30 Versuchsdauer 44 h. (Vergrößerung 1 : 1.)

Zahlentafel 2.

Volumenverlust von Bronzeproben nach 15 Stunden Kavitationseinwirkung [1].

Bezeichnung der Proben durch die Lieferfirma	Festigkeitsangaben der Lieferfirma		Volumen- verlust in mm³
	k_z in kg	Härtezahl	
1. Versuchsreihe			
Nickelbronze 8	62	139	9,9
„ 9	53	121	8,7
Aluminiumbronze 4	63	148	8,3
Manganbronze 3	56	129	7,7
„ 1	52	121	7,6
Aluminiumbronze 11	78	185	5,1
„ 10	74	185	3,4
2. Versuchsreihe			
DB 12 (Bez. v. Krupp) 88% Cu Bronze	—	74	17
DB 135 „ GBZ 14 „	—	83	14
DB 10 „ GBZ 10 „	—	76	8
Rg 10 „ Rotguß „	—	71	4
Corrixbronze „ Corrix „	—	106	1,1
DB 16 „ 84% Cu „	—	95	0,5

[1] Die Oberfläche der Platten war geschliffen.

Zahlentafel 3

Volumenverlust von Bronzeproben nach 44 Stunden Kavitationseinwirkung.

Bezeichnung der Proben durch die Lieferfirma	Volumenverlust in mm³
Manganbronze 3 (weitere Angaben s. Zahlent. 2)	76,5
Rg 10 Rotguß ,, ,, ,,	42
Aluminiumbronze 11 ,, ,, ,,	34
Corrixbronze ,, ,, ,,	16
DB 16 ,, ,, ,,	6

Aus dem Vergleich von Zahlentafel 1 für Stahl und 3 für Bronze ergibt sich als besonders bemerkenswert die hohe Widerstandsfähigkeit der von Krupp zur Verfügung gestellten Probe DB 16, die denselben Gewichtsverlust wie V 2 A-Stahl aufwies. An zweiter Stelle in bezug auf ihre Widerstandsfähigkeit stand die Corrixbronze. Diese Versuchsresultate zeigen, daß es Bronzen gibt, die eine ähnliche Widerstandsfähigkeit wie hochwertige, legierte Stähle gegen Kavitation besitzen. Die Volumenverluste dieser Bronzeproben ließen sich jedoch nicht in derselben Weise wie die Volumenverluste der Stahlproben nach den Härtewerten der Stoffe ordnen (s. Zahlentafel). Eingehendere metallographische Untersuchungen können erst über die Verschiedenheiten, die in den Anfressungen zutage treten, näheren Aufschluß bringen. Es ergibt sich auf Grund der Untersuchungen überhaupt die Frage, ob die Widerstandsfähigkeit der Stoffe gegenüber der Kavitation sich in jedem Fall in eine einwandfreie Beziehung zu den bekannten Festigkeitszahlen bringen läßt, die vielleicht in einer viel zu groben Weise in bezug auf diese Kavitationsbeanspruchungen gemessen sind. Die Kugeldruckprobe bestimmt z. B. die Härte auf einer verhältnismäßig großen Fläche, während die Kavitation an beliebig vielen einzelnen Punkten dieser Fläche angreifen kann. Über die Härte dieser kleinen Angriffsstellen lassen sich somit auf Grund der üblichen Härtemessungen nur dann Aussagen treffen, wenn ein gleichmäßig hartes, homogenes Material vorliegt. So werden sich allgemein die Anfressungen überall dort in Zusammenhang mit den bekannten Festigkeitswerten der Stoffe bringen lassen, wo ein in seinen mechanischen Eigenschaften gleichmäßiges, homogenes Gefüge vorliegt. Man sieht daraus auch, wie sehr die Widerstandsfähigkeit von der Herstellung und Vorbehandlung der Werkstücke abhängt. Besonders wurde der ungünstige Einfluß von kleinen Hohleinschlüssen im Material auf die Widerstandsfähigkeit der Proben mikroskopisch festgestellt. Einige Versuche mit geschweißten Bronzeproben, in denen sich besonders viele Hohleinschlüsse befanden, bestätigten diese Beobachtung. An einer Reihe von Stellen konnte man feststellen, wie die Materialdecke über den Hohleinschlüssen eingedrückt und durchstoßen war. Die Ränder der durchstoßenen Schichten waren nach innen eingebogen. Einige dieser Schweißproben wurden deshalb sofort wieder zerstört.

c) Gußeisen und Aluminium.

Es liegen vorläufig nur ein paar kurze Versuche mit diesen Stoffen vor. Es sei nur erwähnt, daß die Gußeisenproben sehr unregelmäßig und bedeutend schneller als die Bronzeproben angegriffen wurden. Bereits nach 1 h betrug der Gewichtsverlust einer Gußeisenprobe mit noch vorhandener harter Gußhaut 56,5 mm³. Nach mehreren Stunden waren die Proben bereits an einigen Stellen durchfressen.

Proben aus Aluminiumlegierungen, in denen das Aluminium vorherrschte, erwiesen sich teilweise etwas widerstandsfähiger, jedoch erreichten auch sie in keinem Falle die Widerstandsfähigkeit der Bronzen. Dagegen zeigten sich einige Bronzen mit Aluminium-Zusatz den handelsüblichen Bronzen sehr überlegen, wie aus der Zahlentafel 2 hervorgeht. Auch aus diesen Versuchen geht hervor, daß sich noch Verbesserungen der Widerstandsfähigkeit dieser Stoffe erzielen lassen.

d) Schutzüberzüge.

Als erstes sind vier Platten aus Flußeisen untersucht worden, die mit verschiedenen Emailleüberzügen versehen waren. Die Überzüge stuften sich von weicher Grundemaille bis zu einer sehr harten Kombination von Grundemaille und Deckemaille. Aus Abb. 31 und 32, die die Anfressungen an den beiden in der Härte unterschiedlichsten Platten innerhalb einer halben Stunde zeigen, ergibt sich, daß diese Emailleüberzüge den Beanspruchungen durch Kavitation nicht gewachsen waren.

Das gleiche ergab sich für einen Oberflächenschutz bei Aluminiumproben, die nach dem Eloxalverfahren oberflächlich gehärtet waren. Die harte Schicht wurde innerhalb einer Stunde durchstoßen, wenn auch in geringerem Maße als die emaillierten Schichten.

Weiter ist eine Versuchsreihe mit Gummiüberzügen zu erwähnen, die während der Versuche des Kaiser-Wilhelm-Instituts für Strömungsforschung bereits in Angriff genommen wurden. Die Firma Continental stellte für diese Versuche eine ganze Reihe von Gummiproben (von 8 mm Dicke) und Proben von Gummi-Metallverbindungen zur Verfügung, die durch Schrauben an der Zerstörungsstelle befestigt wurden. Es konnte zunächst festgestellt werden, daß die Zerstörungsangriffe während einer langen Zeit nicht in die Oberfläche des Gummis einzudringen vermochten.

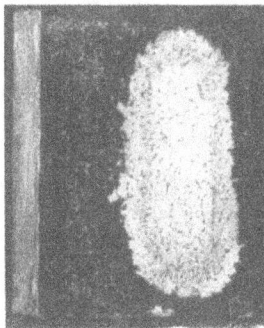

Abb. 31. Zerstörter Überzug aus Grundemaille. Versuchszeit 30 Minuten. (Vergrößerung 1 : 1.)

Abb. 32. Zerstörter Überzug aus Grundemaille mit Deckemaille. Versuchszeit 30 Minuten.

Abb. 33. Gummiüberzug auf Metall nach 3 Minuten Kavitationsdauer. Offenbar infolge innerer Erhitzung durch Reibungswärme wurde der Gummi erweicht und schmolz aus. (Verkleinerung 2 : 3.)

Jedoch trat dafür eine andere Zerstörungserscheinung ein. Das Gummistück wurde durch die Walkarbeit der Stöße sofort innerlich erhitzt und erweicht, schmolz aus und die wassergekühlte Oberflächenhaut blieb in einem unversehrten Zustand zurück. Dabei waren die Gummistücke nach den Versuchen seitwärts aufgeschlitzt, und durch die Öffnung konnte man eine erweichte, klebrige Masse im Innern des Materials feststellen (s. Abb. 33). Eine Abhilfe gegen das Ausschmelzen brachte die Versteifung des Gummis durch Leinwanddecken. Einige Gummi-Leinwanddecken hielten sehr lange (bis 50 h) der Kavitation stand. Die Schwierigkeit der praktischen Verwendung solcher Decken liegt in ihrer Befestigung, für die noch keine befriedigende Lösung gefunden wurde. Selbst Versuche mit einer auf die Metallunterlage aufvulkanisierten Gummischicht führten zu keiner Lösung der Befestigungsfrage. In einer halben Stunde Versuchszeit waren sämtliche untersuchten derartigen Gummidecken von der Metallfläche abgerissen.

Aus den Versuchen an den mit Leinwand verstärkten Gummidecken geht hervor, daß derartige Überzüge durch ihre Elastizität einen für die darunterliegende Metallfläche verhältnismäßig lang dauernden Schutz bilden können, wenn die Frage der Befestigung einwandfrei gelöst ist. Durch diese Tatsache wird die durch die gesamten Versuche belegte Auffassung von der mechanischen Natur der Kavitationszerstörungen bestätigt.

D. Zusammenfassung.

Die Untersuchungen, die mit Unterbrechungen sich über mehrere Jahre erstreckten, ermöglichten durch den zur Verfügung stehenden hohen Druck und durch die besondere Bauart der Kavitationskammer die Erzeugung von Materialanfressungen in kurzen Zeiten und die genaue Verfolgung der Angriffe vom Beginn bis zur vollständigen Materialzerstörung. Die Beobachtung dieser Vorgänge und die gleichzeitig ausgeführten mikroskopischen und metallographischen Untersuchungen bestätigen übereinstimmend die mechanische Natur der Zerstörungsvorgänge und geben einen Einblick in die Entstehung und Weiterentwicklung der Anfressungen.

Die Werkstoffuntersuchungen zeigten eine Überlegenheit der hochwertigen legierten Stähle, wobei die Beständigkeit gegenüber Kavitationsanfressungen bei Stählen von an sich gleicher mechanischer Vorbehandlung mit der Härte zunahm.

Die untersuchten Bronzen lieferten durch die große Unterschiedlichkeit ihres Kristallgefüges voneinander stark abweichende Ergebnisse. Ihre Widerstandsfähigkeit gegenüber Kavitationsanfressungen lag meist wesentlich niedriger als bei den Stählen und stand nicht in einem feststellbaren Zusammenhang mit der Härte. Einige Proben zeigten jedoch, daß es möglich ist, Bronzen herzustellen, die sich nahezu gleich gut bewähren wie die besten der untersuchten Stahlsorten.

Mit den untersuchten, auf die Metalloberfläche aufgebrachten Schutzschichten konnte bisher keine irgendwie belangreiche Verbesserung der Widerstandsfähigkeit gegenüber Kavitation erzielt werden.

Die für die Durchführung der Versuche jährlich zur Verfügung stehende Versuchszeit am Walchenseekraftwerk war zu kurz, um umfassende Prüfungen von Werkstoffproben aller Art vornehmen zu können. Man mußte sich auf Stichproben der wesentlichsten Baustoffe beschränken. Eine zusammenfassende Mitteilung der bisherigen Ergebnisse und des auf Grund der Beobachtungen gewonnenen Bildes der Kavitationszerstörungen erschien dennoch für die Klärung der bestehenden, vielfach noch theoretischen Ansichten über die Kavitationszerstörung und für die Praxis der Materialerkenntnis von Wert.

Literaturverzeichnis.

Im folgenden werden einige Veröffentlichungen angegeben, die im Zusammenhange mit den durchgeführten Versuchen von Interesse sind:

1. J. Ackeret, Experimentelle und theoretische Untersuchungen über Hohlraumbildung im Wasser. „Techn. Mechanik und Thermodynamik" 1930, Nr. 1 u. 2, S. 1 u. 63.
2. J. Ackeret, Kavitation und Korrosion. „Hydromechanische Probleme des Schiffsantriebs", Hamburg 1932.
3. J. Ackeret, „Hydraulische Probleme", Berlin 1926, S. 101.
4. E. Englesson, Über Anfressungen bei Wasserturbinen. „Wasserkraft-Jahrbuch" 1928/29, S. 366.
5. E. Englesson, Pitting in Water Turbines. „The Engineer", 17. Oktober 1930.
6. H. Föttinger, Untersuchungen über Kavitation und Korrosion. „Hydraulische Probleme", Berlin 1926, S. 14.
7. P. de Haller, Untersuchungen über die durch Kavitation hervorgerufenen Korrosionen. „Schweizer Bauzeitung" Bd. 101, 1933.
8. H. Honegger, Über Erosionsversuche. „BBC-Mitteilungen" 1927, Nr. 4, S. 95.
9. W. Hahn, Schnellaufende Turbomaschinen für Flüssigkeiten. „VDI-Zeitschrift", Oktober 1931, S. 1293.
10. C. A. Parsons & S. S. Cook, Investigations into the cause of corrosion or erosion of propellers. — „Engineering" 1919, S. 515.
11. W. Spannhake, Cavitation and Corrosion. „National El. Light Association Pub." Nr. 222.
12. H. Schröter, Korrosion durch Kavitation in einem Diffusor. „VDI-Zeitschrift" 1932, Nr. 21, S. 511, und „Hydromechanische Probleme des Schiffsantriebs", Hamburg 1932, S. 322.
    Korrosion bei Kavitation. „VDI-Zeitschrift" Bd. 77 (1933), S. 865.
    Werkstoffzerstörung bei Kavitation. „VDI-Zeitschrift" Bd. 78 (1934), S. 349.
    Metallographische Untersuchungen zur Frage der Kavitationszerstörungen. „VDI-Zeitschrift" Bd. 78 (1934), S. 1161.
13. D. Thoma, Die Kavitation bei Wasserturbinen. „Wasserkraft-Jahrbuch" 1924, S. 409.
14. S. S. Cook, Erosion by water hammer. „Proc. Royal Society" Bd. A 119, S. 481, 1928.

www.ingramcontent.com/pod-product-compliance
Lightning Source LLC
Chambersburg PA
CBHW081428190326
41458CB00020B/6140